技工院校一体化课程教学改革数控加工专业教材

配合件数控车床加工

人力资源和社会保障部教材办公室组织编写

中国劳动社会保障出版社

内容简介

本书主要内容包括葫芦模型的数控车加工、国际象棋“兵”模型的数控车加工、国际象棋“车”模型的数控车加工、足球杯模型的数控车加工、“蛋”模型的数控车加工、球杯模型的数控车加工、皮带轴组件的数控车加工7个学习任务。

图书在版编目(CIP)数据

配合件数控车床加工/人力资源和社会保障部教材办公室组织编写. —北京：中国劳动社会保障出版社，2014

技工院校一体化课程教学改革数控加工专业教材

ISBN 978-7-5167-1477-5

Ⅰ.①配…　Ⅱ.①人…　Ⅲ.①数控机床-车床-零部件-加工-技工学校-教材　Ⅳ.①TG519.1

中国版本图书馆CIP数据核字(2014)第216228号

中国劳动社会保障出版社出版发行

（北京市惠新东街1号　邮政编码：100029）

*

北京市艺辉印刷有限公司印刷装订　新华书店经销

787毫米×1092毫米　16开本　12.75印张　226千字

2014年9月第1版　2023年12月第7次印刷

定价：26.00元

营销中心电话：400-606-6496

出版社网址：http://www.class.com.cn

http://jg.class.com.cn

技工院校一体化课程教学改革教材编委会名单

编审委员会

主　任：王晓初

副主任：吴道槐　张　斌　张梦欣　金　龄　张亚男　王晓君

委　员：冯　政　田　丰　翟　涛　万　象　何绪军　刘　春　王雪宁
蔡　兵　陈　蕾　蒋燕辰　刘素华

编审人员

主　编：张　良

参　编：翟　勇　肖　强　薛晓春　许　秦　朱伟刚　鲁国军　翟建强
王栿栋　李　胜　严开淋　孙喜兵

主　审：崔兆华

顾　问：朱永亮　张利芳　张晓梅

序

人才是我国经济社会发展的第一资源，技能人才是人才队伍的重要组成部分。党中央、国务院高度重视技能人才队伍建设工作，2009 年 12 月，胡锦涛总书记在视察珠海市高级技工学校时指出：“没有一流的技工，就没有一流的产品”、“技能型人才在推进自主创新方面具有不可替代的重要作用”。技工院校是系统培养技能人才的重要基地。多年来，技工院校始终紧紧围绕国家经济发展和劳动者就业，以满足经济发展和企业对技术工人的需求为办学宗旨，形成了鲜明的办学特色，为国家培养了大批生产一线技能劳动者和后备高技能人才。

当前，我国处于全面建设小康社会的关键时期，随着加快转变经济发展方式、推进经济结构调整以及大力发展高端制造产业等新兴战略性产业，迫切需要加快培养一大批具有精湛技能和高超技艺的技能人才。为了遵循技能人才成长规律，切实提高培养质量，进一步发挥技工院校在技能人才培养中的基础作用，从 2009 年开始，我部借鉴国内外职业教育先进经验，在全国 17 个省（区、市）的 30 所技工院校启动了一体化课程教学改革试点工作，推进以职业活动为导向，以校企合作为基础，以综合职业能力培养为核心，理论教学与技能操作融合贯通的一体化课程教学改革。这项改革试点将传统的以学历为基础的职业教育转变为以职业技能为基础的职业能力教育，促进了职业教育从知识教育向能力培养转变，努力实现“教、学、做”融为一体，收到了积极成效。改革试点得到了学校师生的充分认可，普遍反映一体化课程教学改革是技工院校一次“教学革命”，学生的学习热情、教学组织形式、教学手段和学生的综合素质都发生了根本性变化。试点的成果表明，一体化课程教学改革是转变技能人才培养模式的重要抓手，是推动技工院校改革发展的重要举措，也是人力资源社会保障部门加强技工教育和在职业培训工作的一个重点项目。

教学改革的成果最终要以教材为载体进行体现和传播。根据我部推进一体化课程教学改革的要求，一体化课程改革专家、几百位试点院校的骨干教师以及中国人力资源和社会保障出版集团的编辑团队，用了三年多的时间，组织实施了一体化课程教学改革试点，并将试点中形成的课程成果进行了整理、提炼，汇编成“活页”教材。这套教材不仅在形式上打破了传统教材的编写模式，而且在内容上突破了传统教材的结构体例，在国内职业教育培训教材领域中均属首创。这套教材及配套资料的出版，不仅是本次一体化课程教学改革试点工作的阶段性总结，也是一体化课程教学改革不断深化和全面推广的一个起点。希望全国技工院校将一体化课程教学改革作为创新人才培养模式、提高人才培养质量的重要抓手，进一步推动教学改革，促进内涵发展，提升办学质量，为加快培养合格的技能人才作出新的更大贡献！

人力资源和社会保障部副部长

王晓初

二〇一二年八月

活页式教材使用说明

◆ 页码编排方式

为了更加方便地在教材中增删和替换内容，页码采用“学习任务编号－学习活动编号－页码号”三级编排形式，如“3–2–4”表示“学习任务三”的“学习活动2”的第4页。

◆ 过程评价表使用方法

教材中设计了“自评表”、“互评表”、“教师总评表”、“综合评价表”等评价表格，表头上有“班级”、“姓名”、“学号”等信息栏，从活页教材中取出评价表填写后可以单独提交。

◆ 教材内容更新方法

中国人力资源和社会保障出版集团将根据一体化课程教学改革的推进以及科学技术的发展和不同地域的需要，不断补充和更新教材中的学习任务和学习活动，学校可以从“一体化课程教学改革教学资源网（http：//zyjy.class.com.cn）”下载（需在网站注册）。通过网站还可以了解到更多的一体化课程教学改革信息和下载相关资源。

◆ 便携式活页夹和 PVC 保护板使用方法

使用教材中附赠的便携式活页夹，可以灵活方便地将教材中部分内容携带至一体化教学场地。教材内附的整张 PVC 保护板可以作为学习记录垫板使用。

◆ 参考用书选用方法

在学习过程中，学生需要查阅大量参考资料，下表为中国人力资源和社会保障出版集团出版的适宜本专业一体化教学使用的参考书目录。

数控加工／机床切削加工专业一体化教学参考书目录（高级阶段）

序号	书号	书名
1	978-7-5045-9093-0	机械制图（第三版）
2	978-7-5045-9035-0	机械基础
3	978-7-5045-9021-3	金属材料及热处理
4	978-7-5045-8957-6	极限配合与技术测量（第四版）
5	978-7-5045-9000-8	机械制造工艺学
6	978-7-5045-9013-8	工程力学
7	978-7-5045-9008-4	电工学
8	978-7-5045-8993-4	金属切削原理与刀具（第四版）
9	978-7-5045-8921-7	机床夹具（第四版）
10	978-7-5045-9043-5	液压传动与气动技术
11	978-7-5045-8999-6	机床电气控制（第二版）
12	978-7-5045-9391-7	高级车工工艺与技能训练（第二版）
13	978-7-5045-7443-5	高级铣工工艺与技能训练
14	978-7-5045-9549-2	数控加工工艺学
15	978-7-5045-9541-6	数控机床编程与操作（数控车床分册）
16	978-7-5045-9830-1	数控机床编程与操作（数控铣床加工中心分册）
17	978-7-5045-9423-5	CAD/CAM应用技术（UG）
18	978-7-5045-9667-3	CAD/CAM应用技术（Pro/E）
19	978-7-5045-9852-3	CAD/CAM应用技术（Mastercam）
20	978-7-5045-9732-8	CAD/CAM应用技术（CAXA）

目　　录

学习任务一　葫芦模型的数控车加工

学习目标

1. 能阅读生产任务单，明确工作任务，制定合理的工作计划。

2. 能对葫芦模型图样进行正确的分析。

3. 能正确、规范地填写葫芦模型加工工艺卡。

4. 能合理制定葫芦模型的数控加工工艺路线，填写数控加工工序卡。

5. 能完成葫芦模型数控加工程序的编制。

6. 能正确、规范地对葫芦模型进行数控车床加工。

7. 能按车间现场6S管理和产品工艺流程的要求，正确、规范地保养机床，进行产品交接并规范填写交接班记录表。

8. 能对葫芦模型进行正确的测量，评估与判断零件质量是否合格，并提出改进措施。

9. 能主动获取有效信息，展示工作成果，对学习与工作进行反思总结，并能与他人开展良好合作，进行有效的沟通。

建议学时

40学时

工作情境描述

某数控车床生产厂家准备参加机床展销会，决定制作一批具有一定趣味性、观赏性同时又能体现数控车床加工特点的展品，现委托我单位研制。经讨论研究，我单位决定制作葫芦模型 3 ~ 4 款，外型 ϕ40 mm × 100 mm 以内，工期为 10 天。生产主管部门将该生产任务交予我数控车工组完成。

葫芦模型

工作流程与活动

1. 葫芦模型加工工艺分析与编程（12 学时）
2. 葫芦模型的数控车加工（20 学时）
3. 葫芦模型的检验与质量分析（4 学时）
4. 工作总结与评价（4 学时）

学习活动 1　葫芦模型加工工艺分析与编程

学习目标

1. 能阅读生产任务单，明确工作任务，制定合理的工作计划。

2. 能正确表述葫芦模型外形的特点。

3. 能正确描述孔轴零件配合的形式。

4. 能对葫芦模型图样进行正确的分析。

5. 能正确、规范地填写葫芦模型加工工艺卡。

6. 能根据加工工艺、葫芦模型材料和形状特征等选择刀具，并确定切削用量。

7. 能合理制定葫芦模型的数控加工工艺路线，填写数控加工工序卡。

8. 能完成葫芦模型数控加工程序的编制。

建议学时　12 学时

学习过程

一、阅读生产任务单

葫芦模型生产任务单

单位名称				完成时间	年　月　日	
序号	产品名称	材料	生产数量	技术标准、质量要求		
1	葫芦模型	45 钢	30	按图样要求		
2						
3						
生产批准时间		年　月　日	批准人			
通知任务时间		年　月　日	发单人			
接单时间		年　月　日	接单人		生产班组	数控车工组

1．在日常生活中，葫芦造型的物品很常见，请描述葫芦外形的结构特点，并就本次学习任务说明你将如何设计葫芦模型。

葫芦造型的物品

（1）葫芦外形的结构特点：

（2）你的葫芦模型设计思路：

2．本生产任务工期为 10 天，请依据任务要求，制定合理的工作计划，并根据小组成员的特点进行分工。

序号	工作内容	时间	成员	负责人
1	工艺分析			
2	程序编制			
3	数控车加工			
4	成品检验与质量分析			

二、识读葫芦模型图样，制定加工工艺卡

1. 识读葫芦模型图样

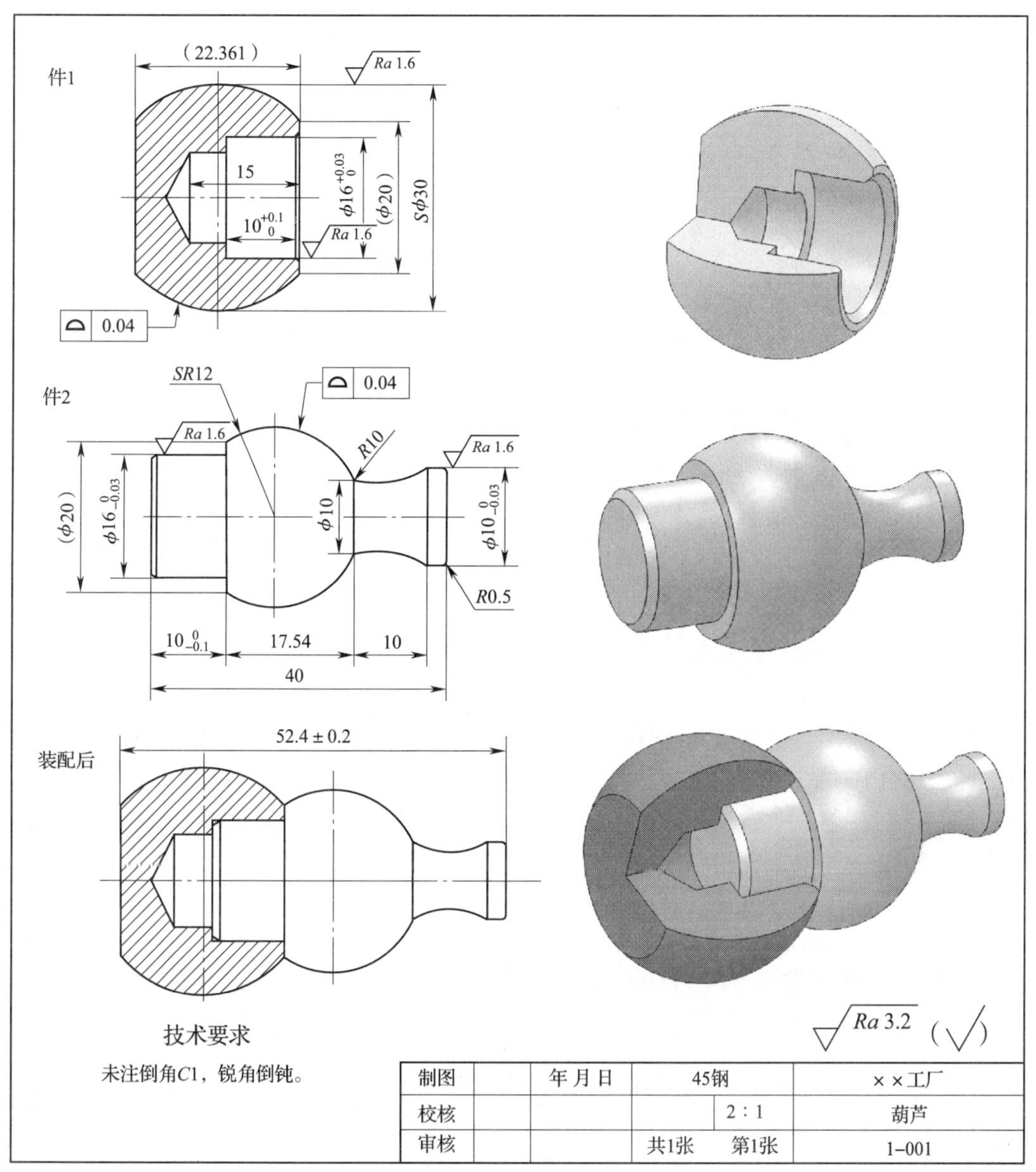

葫芦模型图样（参考）

（1）件 1 加工内容有哪些？加工关键部位有哪些？

（2）件 2 加工内容有哪些？加工关键部位有哪些？

（3）件 1 零件图中的长度尺寸 22.361 mm 为何放在括号内？

（4）说明件 1、件 2 零件图中几何公差 ⌓ 0.04 的含义。

（5）葫芦模型是由两件装配而成，采用孔轴配合的形式。孔轴配合有哪几种形式？各用在什么场合？

（6）葫芦模型图样中孔 $\phi16^{+0.03}_{0}$ mm 和轴 $\phi16^{0}_{-0.03}$ mm 配合属于何种配合类型？其最大和最小配合间隙是多少？

（7）为了简化起见，国标对孔和轴公差带之间的相互关系，规定了基孔制、基轴制。什么是基孔制？什么是基轴制？它们的区别是什么？优选何种基准制？为什么？

（8）你可以选择按上面给出的葫芦模型参考图样完成本次任务，也可以自行设计葫芦模型。构思你的葫芦模型形状，在下面绘制出草图，然后用计算机绘图软件绘制出完整的零件图和装配图并输出打印。

2. 制定葫芦模型加工工艺卡

（1）根据葫芦模型的用途，确定零件材料和毛坯种类。

（2）根据件 1 和件 2 的加工内容，选择加工设备。

（3）根据加工内容，确定件 1、件 2 加工用夹具。

（4）根据件 1、件 2 加工内容，确定对应的加工刀具、量具，并填在表中。

件 1 加工内容及对应刀具、量具

序号	加工内容	刀具	量具
1			
2			
3			
4			
5			

件 2 加工内容及对应刀具、量具

序号	加工内容	刀具	量具
1			
2			
3			
4			
5			

（5）讨论确定件 1、件 2 的加工顺序，以及件 1、件 2 的加工工序。

（6）根据上述分析，填写葫芦模型加工工艺卡。

葫芦模型加工工艺卡

<table>
<tr><td rowspan="2">单位名称</td><td rowspan="2"></td><td colspan="3">产品名称</td><td colspan="2"></td><td>图号</td><td></td></tr>
<tr><td colspan="3">零件名称</td><td></td><td>数量</td><td></td><td>第　页</td></tr>
<tr><td>材料种类</td><td></td><td colspan="2">材料牌号</td><td></td><td>毛坯尺寸</td><td colspan="2"></td><td>共　页</td></tr>
<tr><td rowspan="2">工序号</td><td rowspan="2">工序内容</td><td rowspan="2">车间</td><td rowspan="2">设备</td><td colspan="3">工具</td><td rowspan="2">计划工时</td><td rowspan="2">实际工时</td></tr>
<tr><td>夹具</td><td>量具</td><td>刃具</td></tr>
<tr><td></td><td></td><td></td><td></td><td></td><td></td><td></td><td></td><td></td></tr>
<tr><td></td><td></td><td></td><td></td><td></td><td></td><td></td><td></td><td></td></tr>
<tr><td></td><td></td><td></td><td></td><td></td><td></td><td></td><td></td><td></td></tr>
<tr><td></td><td></td><td></td><td></td><td></td><td></td><td></td><td></td><td></td></tr>
<tr><td></td><td></td><td></td><td></td><td></td><td></td><td></td><td></td><td></td></tr>
<tr><td></td><td></td><td></td><td></td><td></td><td></td><td></td><td></td><td></td></tr>
<tr><td></td><td></td><td></td><td></td><td></td><td></td><td></td><td></td><td></td></tr>
<tr><td>更改号</td><td></td><td>拟定</td><td colspan="2">校正</td><td colspan="2">审核</td><td colspan="2">批准</td></tr>
<tr><td>更改者</td><td></td><td></td><td colspan="2"></td><td colspan="2"></td><td colspan="2"></td></tr>
<tr><td>日期</td><td></td><td></td><td colspan="2"></td><td colspan="2"></td><td colspan="2"></td></tr>
</table>

三、数控加工工艺分析

1. 设计件 1 的加工路线图。

2. 设计件 2 的加工路线图。

3. 在葫芦模型加工过程中，如果要在件 1 上加工平底孔，如何保证内壁平整?

4. 根据图样要求确定内孔车刀的几何形状。

内孔车刀的几何形状

5. 为满足葫芦模型的加工要求，对尖头刀的几何形状有哪些要求？

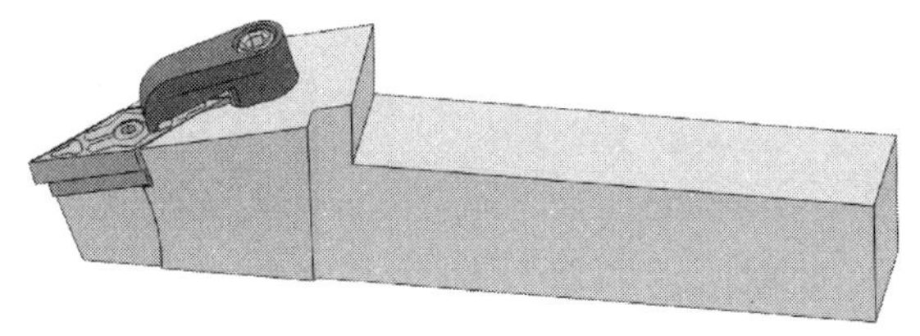

尖头刀的几何形状

6. 要实现本次任务中的切槽和切断，对切槽刀的几何形状有哪些要求？

切槽刀的几何形状

7. 根据葫芦模型加工内容，完成葫芦模型加工刀具卡。

葫芦模型加工刀具卡

<table>
<tr><td colspan="3">产品名称或代号</td><td colspan="2"></td><td>零件名称</td><td></td><td>零件图号</td><td></td></tr>
<tr><td>刀具号</td><td colspan="2">刀具名称</td><td colspan="2">数量</td><td colspan="2">加工内容</td><td>刀尖半径
(mm)</td><td>刀具规格
(mm×mm)</td></tr>
<tr><td></td><td colspan="2"></td><td colspan="2"></td><td colspan="2"></td><td></td><td></td></tr>
<tr><td></td><td colspan="2"></td><td colspan="2"></td><td colspan="2"></td><td></td><td></td></tr>
<tr><td></td><td colspan="2"></td><td colspan="2"></td><td colspan="2"></td><td></td><td></td></tr>
<tr><td></td><td colspan="2"></td><td colspan="2"></td><td colspan="2"></td><td></td><td></td></tr>
<tr><td></td><td colspan="2"></td><td colspan="2"></td><td colspan="2"></td><td></td><td></td></tr>
<tr><td></td><td colspan="2"></td><td colspan="2"></td><td colspan="2"></td><td></td><td></td></tr>
<tr><td>编制</td><td></td><td colspan="2">审核</td><td></td><td>批准</td><td></td><td>第　页</td><td>共　页</td></tr>
</table>

8. 根据上述分析，制定葫芦模型数控加工工序卡。

葫芦模型数控加工工序卡

<table>
<tr><td rowspan="2">单位名称</td><td rowspan="2"></td><td colspan="2">产品名称或代号</td><td colspan="2">零件名称</td><td colspan="2">零件图号</td></tr>
<tr><td colspan="2"></td><td colspan="2"></td><td colspan="2"></td></tr>
<tr><td>工序号</td><td>程序编号</td><td colspan="2">夹具名称</td><td colspan="2">使用设备</td><td colspan="2">车间</td></tr>
<tr><td></td><td></td><td colspan="2"></td><td colspan="2"></td><td colspan="2"></td></tr>
<tr><td>工步号</td><td>工步内容</td><td>刀具号</td><td>刀具规格
(mm)</td><td>主轴转速
(r/min)</td><td>进给速度
(mm/min)</td><td>背吃刀量
(mm)</td><td>备注</td></tr>
<tr><td></td><td></td><td></td><td></td><td></td><td></td><td></td><td></td></tr>
<tr><td></td><td></td><td></td><td></td><td></td><td></td><td></td><td></td></tr>
<tr><td></td><td></td><td></td><td></td><td></td><td></td><td></td><td></td></tr>
<tr><td></td><td></td><td></td><td></td><td></td><td></td><td></td><td></td></tr>
<tr><td></td><td></td><td></td><td></td><td></td><td></td><td></td><td></td></tr>
<tr><td></td><td></td><td></td><td></td><td></td><td></td><td></td><td></td></tr>
<tr><td>编制</td><td></td><td>审核</td><td></td><td>批准</td><td></td><td>共　页</td><td>第　页</td></tr>
</table>

四、编制程序

1．根据件 1 加工路线图，确定编程坐标系原点，并求出主要基点坐标值。

2．根据件 2 加工路线图，确定编程坐标系原点，并求出主要基点坐标值。

3．填写葫芦模型数控加工程序卡。

葫芦模型数控加工程序卡

<table>
<tr><td rowspan="3">数控加工程序卡</td><td>零件毛坯尺寸</td><td colspan="3"></td><td>编写日期</td><td></td></tr>
<tr><td>零件名称</td><td></td><td>工序号</td><td></td><td>材料</td><td></td></tr>
<tr><td>车床型号</td><td></td><td>夹具名称</td><td></td><td>实训车间</td><td></td></tr>
<tr><td>程序号</td><td colspan="3">程序</td><td colspan="3">注解说明</td></tr>
<tr><td></td><td colspan="3"></td><td colspan="3"></td></tr>
<tr><td></td><td colspan="3"></td><td colspan="3"></td></tr>
<tr><td></td><td colspan="3"></td><td colspan="3"></td></tr>
<tr><td></td><td colspan="3"></td><td colspan="3"></td></tr>
<tr><td></td><td colspan="3"></td><td colspan="3"></td></tr>
<tr><td></td><td colspan="3"></td><td colspan="3"></td></tr>
<tr><td></td><td colspan="3"></td><td colspan="3"></td></tr>
<tr><td></td><td colspan="3"></td><td colspan="3"></td></tr>
<tr><td></td><td colspan="3"></td><td colspan="3"></td></tr>
<tr><td></td><td colspan="3"></td><td colspan="3"></td></tr>
<tr><td></td><td colspan="3"></td><td colspan="3"></td></tr>
<tr><td></td><td colspan="3"></td><td colspan="3"></td></tr>
<tr><td></td><td colspan="3"></td><td colspan="3"></td></tr>
</table>

续表

程序号	程序	注解说明

注：此表不够可复印。

学习活动2　葫芦模型的数控车加工

学习目标

1. 能根据葫芦模型图样，确定符合加工要求的工、量、夹具及辅件。

2. 能根据葫芦模型毛坯及刀具材料，正确选择切削液。

3. 能正确输入零件的加工程序，应用数控车床的模拟检验功能，检查程序编写中的错误，并对程序进行优化。

4. 能在葫芦模型加工过程中，严格按照数控车床操作规程操作机床。

5. 能根据切削状态调整切削用量，保证正常切削，并适时检测，保证葫芦模型加工精度。

6. 能正确、规范地对葫芦模型进行数控车床加工。

7. 能独立解决加工中出现的程序报警及机床简单故障。

8. 能按车间现场6S管理和产品工艺流程的要求，正确、规范地保养机床，进行产品交接并规范填写交接班记录表。

建议学时　20学时

学习过程

一、加工准备

1. 填写工、量、刃具清单，并领取工、量、刃具。

工、量、刃具清单

序号	名称	规格	数量	备注
1				
2				
3				
4				
5				
6				
7				
8				
9				
10				

2．领取毛坯料，并测量毛坯外形尺寸，判断毛坯是否有足够的加工余量。记录所领毛坯料的实际尺寸。

3．根据加工对象及所用刀具，确定本次加工所用切削液。

4．想一想，葫芦模型加工的技术难点是什么？

二、零件加工

1. 按照数控车床安全操作规程检查各项均符合要求后，送电开机。

2. 按正确操作顺序，进行回机床参考点操作。

3. 正确装夹工件，并对其进行找正。

4. 对照刀具卡安装刀具，确保刀具号对应、位置尺寸正确、牢固可靠，并设定主轴转速。

5. 按加工先后次序，采用试切法正确对刀。

6. 程序输入与校验

（1）输入并调试葫芦模型数控车加工程序。

（2）记录程序输入时产生的报警号，并说明产生报警的原因及解决办法。

报警记录

报警号	报警内容	报警原因	解决办法

7. 自动加工

（1）加工中注意观察刀具的切削情况，记录加工中的不合理因素，以便于纠正，提高工作效率（如切削用量、加工路径等是否合理，刀具是否有干涉等）。

葫芦模型加工中遇到的问题

问题	分析原因	预防措施	改进方法

（2）在葫芦模型件 2 的 $\phi10$ mm 连接处如果出现明显的刻线或连接不光滑，说明原因及解决方法。

（3）在葫芦模型数控车加工时若出现配合不上，或者配合过松等问题，可能是什么原因造成的？如何解决？

（4）如何保证装配图中（52.4 ±0.2）mm 装配尺寸？

三、保养机床、清理场地

加工完毕后，按照图样要求进行自检，正确放置零件，并进行产品交接确认；按照国家环保相关规定和车间要求整理现场，清扫切屑，保养机床，并正确处置废油液等废弃物；按车间规定填写交接班记录（附表 1）和设备日常保养记录卡（附表 2）。

学习活动3　葫芦模型的检验与质量分析

学习目标

1. 能根据葫芦模型图样，合理选择检验工具和量具，确定检测方法。

2. 能根据葫芦模型的测量结果，分析误差产生的原因，提出修改意见。

3. 能正确、规范地使用工、量具，并对其进行合理保养和维护。

4. 能按检验室管理要求，正确放置检验用工、量具。

建议学时　4学时

学习过程

一、明确测量要素，领取检测用量具

1. 葫芦模型上有哪些要素需要测量？

2. 根据葫芦模型测量要素，写出检测葫芦模型所对应的量具，并填入表中。

检测葫芦模型所对应的量具

序号	量具名称	量具规格（精度）	检测内容	备注
1				
2				
3				
4				
5				
6				
7				

二、检测零件，填写葫芦模型质量检验单

根据图样要求，自检葫芦模型，并填写质量检验单。

葫芦模型质量检验单

零件	项目	序号	内容	检测结果	结论
件 1	外圆	1	$S\phi30$ mm		
		2	$\phi20$ mm		
	内孔	3	$\phi16^{+0.03}_{0}$ mm		
	长度	4	$10^{+0.1}_{0}$ mm		
		5	15 mm		
		6	22.361 mm		
	几何公差	7	⌓ 0.04		
	倒角	8	$C1$		
	表面质量	9	Ra 1.6 μm（2 处）		
			Ra 3.2 μm（2 处）		
件 2	外圆	10	$\phi10^{0}_{-0.03}$ mm		
		11	$\phi16^{0}_{-0.03}$ mm		
		12	$\phi20$ mm		
		13	$SR12$ mm		
		14	$\phi10$ mm		
		15	$R10$ mm		

续表

零件	项目	序号	内容	检测结果	结论
件 2	长度	16	$10^{\ 0}_{-0.1}$ mm		
		17	17.54 mm		
		18	10 mm		
		19	40 mm		
	几何公差	20	⌓ 0.04		
	倒角	21	*C*1		
	圆角	22	*R*0.5 mm		
	表面质量	23	*Ra* 1.6 μm（2 处）		
		24	*Ra* 3.2 μm（4 处）		
装配后	长度	25	（52.4 ±0.2） mm		
检测结论					
产生不合格品的情况分析					

三、提出工艺方案修改意见

对不合格项目进行分析、讨论，小组提出修改意见。

不合格项目	产生原因	预防方法
尺寸不对		
圆弧连接不光滑		
表面粗糙度差		
配合间隙不正确		

学习活动4　工作总结与评价

学习目标

1. 能按照葫芦模型加工综合评价表完成自评。

2. 能按分组情况，分别派代表展示葫芦模型加工成果，说明本次任务的完成情况，并作分析总结。

3. 能结合自身任务完成情况，正确、规范地撰写工作总结（心得体会）。

4. 能就本次任务中出现的问题提出改进措施。

5. 能对学习与工作进行反思总结，并能与他人开展良好合作，进行有效的沟通。

建议学时　4学时

学习过程

一、自我评价

葫芦模型加工综合评价表

工件编号		技术要求	配分	总得分		
项目	序号			评分标准	检测记录	得分
机床操作（20%）	1	正确开启机床，检查	4	不正确、不合理无分		
	2	机床返回参考点	4	不正确、不合理无分		
	3	程序的输入及修改	4	不正确、不合理无分		
	4	程序空运行轨迹检查	4	不正确、不合理无分		
	5	对刀的方式和方法	4	不正确、不合理无分		

续表

工件编号		技术要求		配分	总得分		
项目	序号				评分标准	检测记录	得分
程序与工艺（20%）	6	程序格式规范		7	不合格每处扣 3 分		
	7	程序正确、完整		7	不合格每处扣 3 分		
	8	工艺合理		6	不合格每处扣 2 分		
零件质量（50%）	9	件 1	$S\phi30$ mm	3	超差不得分		
	10		$\phi20$ mm	1	超差不得分		
	11		$\phi16^{+0.03}_{0}$ mm	3	超差不得分		
	12		$10^{+0.1}_{0}$ mm	2	超差不得分		
	13		15 mm	1	超差不得分		
	14		22.361 mm	1	超差不得分		
	15		⌓ 0.04	3	超差不得分		
	16		$C1$	1	不合格不得分		
	17		Ra 1.6 μm（2 处）	2	降级不得分		
	18		Ra 3.2 μm（2 处）	2	降级不得分		
	19	件 2	$\phi10^{0}_{-0.03}$ mm	3	超差不得分		
	20		$\phi16^{0}_{-0.03}$ mm	3	超差不得分		
	21		$\phi20$ mm	1	超差不得分		
	22		$SR12$ mm	2	不合格不得分		
	23		$\phi10$ mm	2	超差不得分		
	24		$R10$ mm	2	不合格不得分		
	25		$10^{0}_{-0.1}$ mm	3	超差不得分		
	26		17.54 mm	1	超差不得分		
	27		10 mm	1	超差不得分		
	28		40 mm	1	超差不得分		
	29		⌓ 0.04	2	超差不得分		
	30		$C1$	1	不合格不得分		
	31		$R0.5$mm	1	不合格不得分		
	32		Ra 1.6 μm（2 处）	2	降级不得分		
	33		Ra 3.2 μm（4 处）	2	降级不得分		
	34	装配后	(52.4 ± 0.2) mm	4	超差不得分		

续表

工件编号				总得分		
项目	序号	技术要求	配分	评分标准	检测记录	得分
安全文明生产（10%）	35	安全操作	5	不按安全操作规程操作全扣		
	36	机床清理	5	不合格全扣		
总　配　分			100			

二、展示评价（小组评价）

把个人制作好的葫芦模型先进行分组展示，再由小组推荐代表作必要的介绍。在展示的过程中，以小组为单位进行评价；评价完成后，根据其他小组成员对本组展示成果的评价意见进行归纳总结。完成如下项目：

（1）展示的葫芦模型符合技术标准吗？

很好□　　　　一般□　　　　不准确□

（2）本小组介绍成果表达是否清晰？

很好□　　　　一般，常补充□　　　　不清晰□

（3）本小组演示的葫芦模型加工方法操作正确吗？

正确□　　　　部分正确□　　　　不正确□

（4）本小组演示操作时遵循了“6S”的工作要求吗？

符合工作要求□　　　　忽略了部分要求□　　　　完全没有遵循□

（5）本小组的检测量具、量仪保养完好吗？

良好□　　　　一般□　　　　不合要求□

（6）本小组成员的团队创新精神如何？

良好□　　　　一般□　　　　不足□

三、教师评价

教师对展示的作品分别作评价。

1. 找出各小组的优点进行点评。

2. 对展示过程中各小组的缺点进行点评，提出改进方法。

3. 对整个任务完成中出现的亮点和不足进行点评。

四、总结提升

1. 根据葫芦模型加工质量及完成情况，分析葫芦模型编程与加工中的不合理处及其原因并提出改进意见，填入表中。

葫芦模型加工不合理处及改进意见

序号	工作内容	不合理处	不合理的原因	改进意见
1	零件工艺处理与编程			
2	零件数控车加工			
3	零件质量			

2. 结合自身任务完成情况，通过交流讨论等方式较全面、规范地撰写本次任务的工作总结。

工作总结（心得体会）

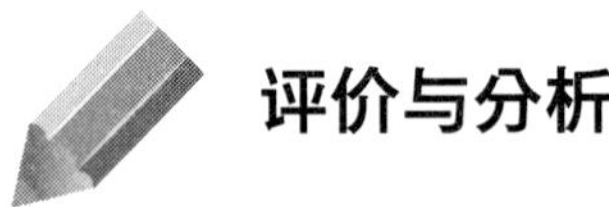

评价与分析

学习任务一评价表

班级：__________ 学生姓名：__________ 学号：__________

项目	自我评价			小组评价			教师评价		
	10~9	8~6	5~1	10~9	8~6	5~1	10~9	8~6	5~1
	占总评 10%			占总评 30%			占总评 60%		
学习活动 1									
学习活动 2									
学习活动 3									
学习活动 4									
表达能力									
协作精神									
纪律观念									
工作态度									
操作规范性									
任务总体表现									
小计分									
总评分									

任课教师：________ 年 月 日

学习任务二　国际象棋“兵”模型的数控车加工

1. 能阅读生产任务单，明确工作任务，制定合理的工作计划。

2. 能对国际象棋“兵”模型图样进行正确的分析。

3. 能正确、规范地填写国际象棋“兵”模型加工工艺卡。

4. 能合理制定国际象棋“兵”模型的数控加工工艺路线，填写数控加工工序卡。

5. 能完成国际象棋“兵”模型数控加工程序的编制。

6. 能正确、规范地对国际象棋“兵”模型进行数控车床加工。

7. 能按车间现场 6S 管理和产品工艺流程的要求，正确、规范地保养机床，进行产品交接并规范填写交接班记录表。

8. 能对国际象棋“兵”模型进行正确的测量，评估与判断零件质量是否合格，并提出改进措施。

9. 能主动获取有效信息，展示工作成果，对学习与工作进行反思总结，并能与他人开展良好合作，进行有效的沟通。

40 学时

某文具公司委托我单位设计一款国际象棋“兵”模型，外形要求两件组合，工期为

10 天。生产主管部门将该生产任务交予我数控车工组完成。

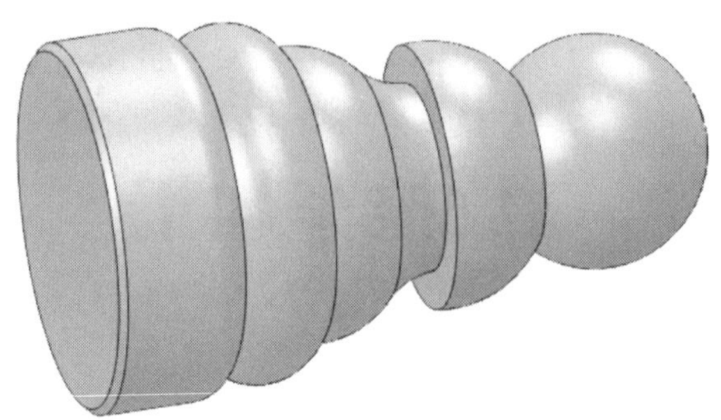

国际象棋“兵”模型

工作流程与活动

1. 国际象棋“兵”模型加工工艺分析与编程（12 学时）
2. 国际象棋“兵”模型的数控车加工（20 学时）
3. 国际象棋“兵”模型的检验与质量分析（4 学时）
4. 工作总结与评价（4 学时）

学习活动1　国际象棋“兵”模型加工工艺分析与编程

学习目标

1. 能阅读生产任务单，明确工作任务，制定合理的工作计划。

2. 能正确表述国际象棋“兵”模型外形的特点。

3. 能正确描述锥面配合的形式。

4. 能对国际象棋“兵”模型图样进行正确的分析。

5. 能正确、规范地填写国际象棋“兵”模型加工工艺卡。

6. 能根据加工工艺、国际象棋“兵”模型材料和形状特征等选择刀具，并确定切削用量。

7. 能合理制定国际象棋“兵”模型的数控加工工艺路线，填写数控加工工序卡。

8. 能完成国际象棋“兵”模型数控加工程序的编制。

建议学时　12学时

学习过程

一、阅读生产任务单

国际象棋“兵”模型生产任务单

<table>
<tr><td colspan="2">单位名称</td><td colspan="2"></td><td>完成时间</td><td colspan="2">年　月　日</td></tr>
<tr><td>序号</td><td>产品名称</td><td>材料</td><td>生产数量</td><td colspan="3">技术标准、质量要求</td></tr>
<tr><td>1</td><td>国际象棋“兵”模型</td><td>2A12</td><td>30</td><td colspan="3">按图样要求</td></tr>
<tr><td>2</td><td></td><td></td><td></td><td colspan="3"></td></tr>
<tr><td>3</td><td></td><td></td><td></td><td colspan="3"></td></tr>
<tr><td colspan="2">生产批准时间</td><td>年　月　日</td><td>批准人</td><td></td><td></td><td></td></tr>
<tr><td colspan="2">通知任务时间</td><td>年　月　日</td><td>发单人</td><td></td><td></td><td></td></tr>
<tr><td colspan="2">接单时间</td><td>年　月　日</td><td>接单人</td><td></td><td>生产班组</td><td>数控车工组</td></tr>
</table>

1. 描述国际象棋“兵”外形的特点。

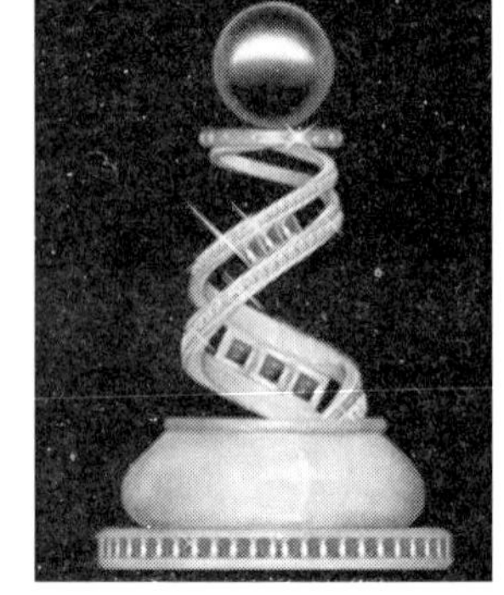

国际象棋“兵”

2. 2A12 属于什么材料，它有什么特性?

3. 本生产任务工期为 10 天，请依据任务要求，制定合理的工作计划，并根据小组成员的特点进行分工。

序号	工作内容	时间	成员	负责人
1	工艺分析			
2	程序编制			
3	数控车加工			
4	成品检验与质量分析			

二、根据国际象棋“兵”模型图样，制定加工工艺卡

1. 识读国际象棋“兵”模型图样

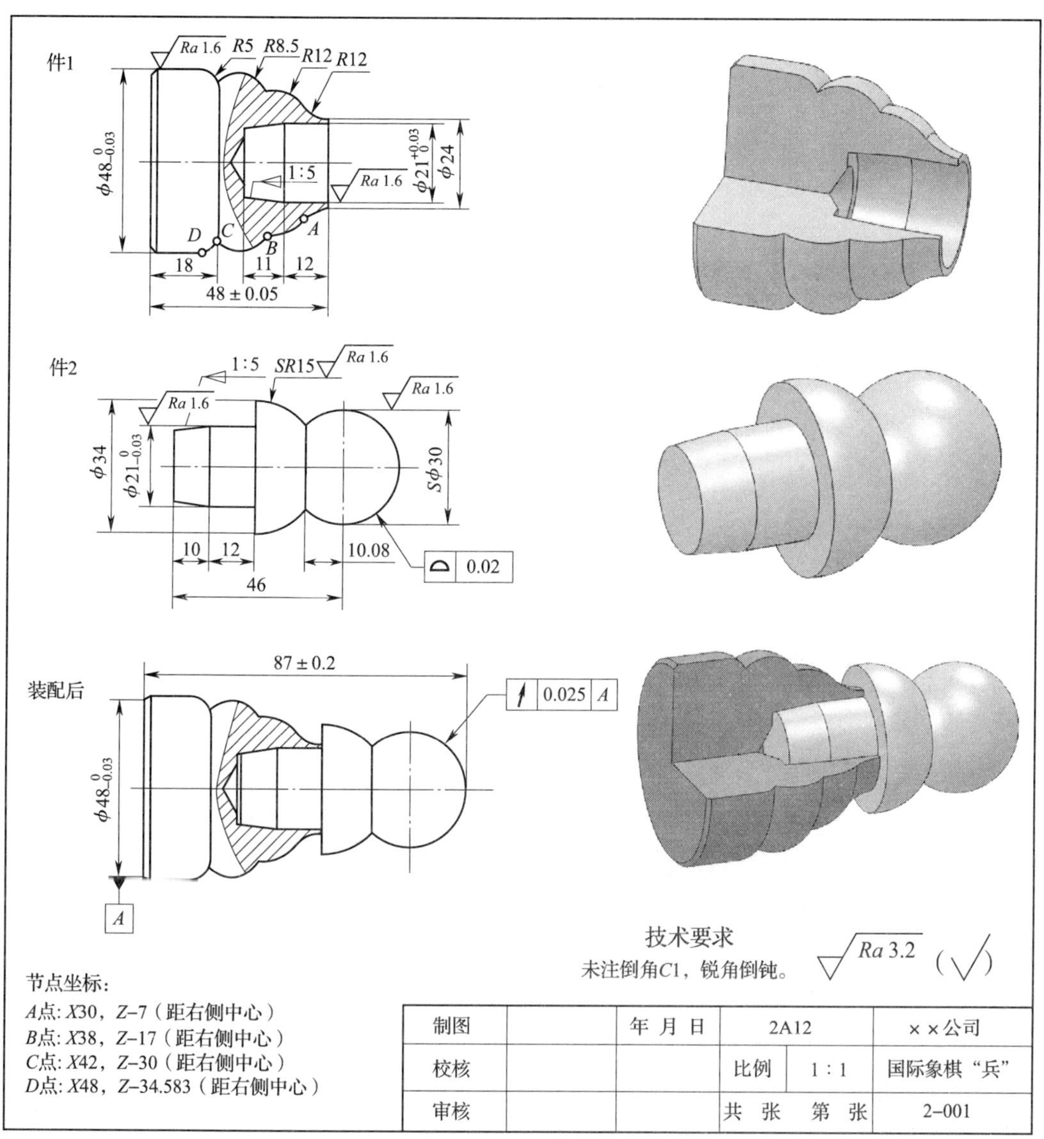

制图		年 月 日	2A12		××公司
校核			比例	1 : 1	国际象棋“兵”
审核			共 张	第 张	2-001

国际象棋“兵”模型图样

(1) 件 1 加工内容有哪些？加工关键部位有哪些？

（2）件 2 加工内容有哪些？加工关键部位有哪些？

（3）说明国际象棋“兵”模型图样中几何公差 ↗ | 0.025 | A 的含义。

（4）对于件 1 和件 2 锥度部分，从图中可以知道锥度大端尺寸、锥长和锥度，那么它们的小端尺寸分别是多少？

（5）若测得件 1 和件 2 配合后总长为 87. 8 mm，应如何保证图样（87 ±0. 2）mm 要求？

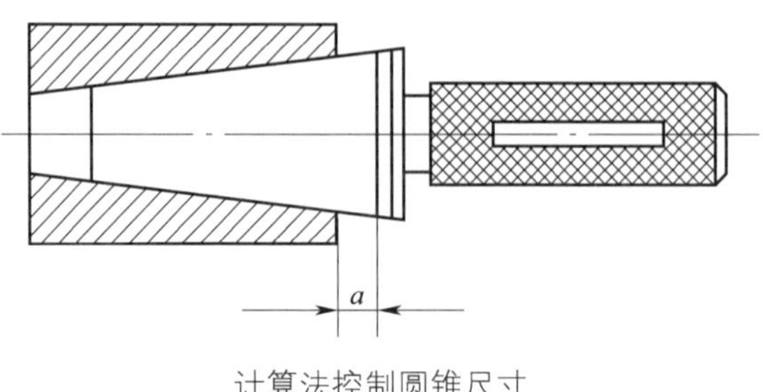

计算法控制圆锥尺寸

（6）国际象棋“兵”模型由两件装配而成，采用孔轴及锥度两种配合形式，你所知道的锥面配合有哪些？锥面配合有什么特点？

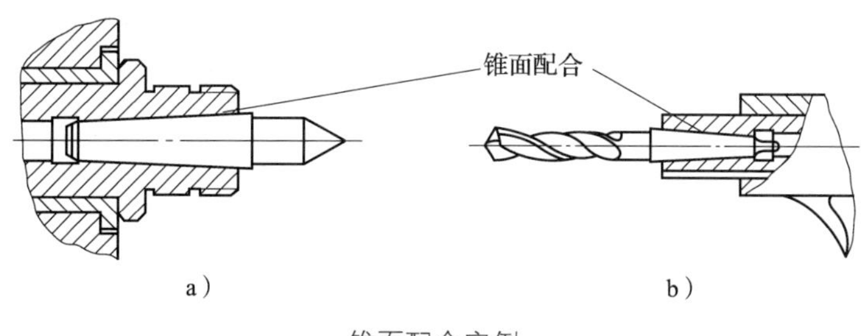

锥面配合实例

1）锥面配合举例：

2）锥面配合特点：

（7）常用的标准圆锥有下列两种：莫氏圆锥和公制（米制）圆锥。它们分别有几个号码？两种圆锥分别适用于什么场合？

1）莫氏圆锥的号码及适用场合：

2）公制（米制）圆锥的号码及适用场合：

2. 制定国际象棋“兵”模型加工工艺卡

（1）根据件 1 和件 2 的加工内容，选择加工设备。

（2）根据加工内容，确定件 1、件 2 加工用夹具。

（3）根据件 1、件 2 加工内容，确定对应的加工刀具、量具，并填在表中。

件 1 加工内容及对应刀具、量具

序号	加工内容	刀具	量具
1			
2			
3			
4			
5			

件 2 加工内容及对应刀具、量具

序号	加工内容	刀具	量具
1			
2			
3			
4			
5			

（4）为保证最终的装配质量，国际象棋“兵”模型加工过程中应采取什么样的加工顺序?

（5）根据上述分析，填写国际象棋“兵”模型加工工艺卡。

国际象棋“兵”模型加工工艺卡

<table>
<tr><td rowspan="2">单位名称</td><td rowspan="2"></td><td colspan="3">产品名称</td><td></td><td colspan="2">图号</td><td></td></tr>
<tr><td colspan="3">零件名称</td><td></td><td>数量</td><td></td><td>第　页</td></tr>
<tr><td>材料种类</td><td></td><td>材料牌号</td><td></td><td colspan="2">毛坯尺寸</td><td colspan="2"></td><td>共　页</td></tr>
<tr><td rowspan="2">工序号</td><td rowspan="2">工序内容</td><td rowspan="2">车间</td><td rowspan="2">设备</td><td colspan="3">工具</td><td rowspan="2">计划工时</td><td rowspan="2">实际工时</td></tr>
<tr><td>夹具</td><td>量具</td><td>刃具</td></tr>
<tr><td></td><td></td><td></td><td></td><td></td><td></td><td></td><td></td><td></td></tr>
<tr><td></td><td></td><td></td><td></td><td></td><td></td><td></td><td></td><td></td></tr>
<tr><td></td><td></td><td></td><td></td><td></td><td></td><td></td><td></td><td></td></tr>
<tr><td></td><td></td><td></td><td></td><td></td><td></td><td></td><td></td><td></td></tr>
<tr><td></td><td></td><td></td><td></td><td></td><td></td><td></td><td></td><td></td></tr>
<tr><td></td><td></td><td></td><td></td><td></td><td></td><td></td><td></td><td></td></tr>
<tr><td></td><td></td><td></td><td></td><td></td><td></td><td></td><td></td><td></td></tr>
<tr><td>更改号</td><td></td><td>拟定</td><td colspan="2">校正</td><td colspan="2">审核</td><td colspan="2">批准</td></tr>
<tr><td>更改者</td><td></td><td></td><td colspan="2"></td><td colspan="2"></td><td colspan="2"></td></tr>
<tr><td>日期</td><td></td><td></td><td colspan="2"></td><td colspan="2"></td><td colspan="2"></td></tr>
</table>

三、数控加工工艺分析

1．设计件 1 的加工路线图。

2. 设计件 2 的加工路线图。

3. 想一想，国际象棋“兵”的加工技术难点是什么?

4. 内外圆锥面除了尺寸精度，表面粗糙度也是影响配合效果的重要因素，为了使内外圆锥面都能具有较好的表面质量，在加工圆锥面时切削用量如何确定?

5. 根据国际象棋“兵”加工内容，完成国际象棋“兵”模型加工刀具卡。

国际象棋“兵”模型加工刀具卡

<table>
<tr><td colspan="2">产品名称或代号</td><td></td><td>零件名称</td><td></td><td>零件图号</td><td></td></tr>
<tr><td>刀具号</td><td>刀具名称</td><td>数量</td><td colspan="2">加工内容</td><td>刀尖半径
(mm)</td><td>刀具规格
(mm × mm)</td></tr>
<tr><td></td><td></td><td></td><td colspan="2"></td><td></td><td></td></tr>
<tr><td></td><td></td><td></td><td colspan="2"></td><td></td><td></td></tr>
<tr><td></td><td></td><td></td><td colspan="2"></td><td></td><td></td></tr>
<tr><td></td><td></td><td></td><td colspan="2"></td><td></td><td></td></tr>
<tr><td></td><td></td><td></td><td colspan="2"></td><td></td><td></td></tr>
<tr><td></td><td></td><td></td><td colspan="2"></td><td></td><td></td></tr>
<tr><td>编制</td><td></td><td>审核</td><td></td><td>批准</td><td>第　页</td><td>共　页</td></tr>
</table>

6. 根据上述分析，制定国际象棋“兵”模型数控加工工序卡。

国际象棋“兵”模型数控加工工序卡

单位名称		产品名称或代号		零件名称		零件图号	
工序号	程序编号	夹具名称		使用设备		车间	
工步号	工步内容	刀具号	刀具规格（mm）	主轴转速（r/min）	进给速度（mm/min）	背吃刀量（mm）	备注
编制		审核		批准		共　页	第　页

四、编制程序

1. 根据件 1 加工路线图，确定编程坐标系原点，并求出主要基点坐标值。

2. 根据件 2 加工路线图，确定编程坐标系原点，并求出主要基点坐标值。

3. 填写国际象棋“兵”模型数控加工程序卡。

国际象棋“兵”模型数控加工程序卡

<table>
<tr><td rowspan="3">数控加工程序卡</td><td>零件毛坯尺寸</td><td colspan="3"></td><td>编写日期</td><td></td></tr>
<tr><td>零件名称</td><td></td><td>工序号</td><td></td><td>材料</td><td></td></tr>
<tr><td>车床型号</td><td></td><td>夹具名称</td><td></td><td>实训车间</td><td></td></tr>
<tr><td>程序号</td><td colspan="3">程序</td><td colspan="3">注解说明</td></tr>
<tr><td></td><td colspan="3"></td><td colspan="3"></td></tr>
<tr><td></td><td colspan="3"></td><td colspan="3"></td></tr>
<tr><td></td><td colspan="3"></td><td colspan="3"></td></tr>
<tr><td></td><td colspan="3"></td><td colspan="3"></td></tr>
<tr><td></td><td colspan="3"></td><td colspan="3"></td></tr>
<tr><td></td><td colspan="3"></td><td colspan="3"></td></tr>
<tr><td></td><td colspan="3"></td><td colspan="3"></td></tr>
<tr><td></td><td colspan="3"></td><td colspan="3"></td></tr>
<tr><td></td><td colspan="3"></td><td colspan="3"></td></tr>
<tr><td></td><td colspan="3"></td><td colspan="3"></td></tr>
<tr><td></td><td colspan="3"></td><td colspan="3"></td></tr>
<tr><td></td><td colspan="3"></td><td colspan="3"></td></tr>
<tr><td></td><td colspan="3"></td><td colspan="3"></td></tr>
<tr><td></td><td colspan="3"></td><td colspan="3"></td></tr>
<tr><td></td><td colspan="3"></td><td colspan="3"></td></tr>
<tr><td></td><td colspan="3"></td><td colspan="3"></td></tr>
<tr><td></td><td colspan="3"></td><td colspan="3"></td></tr>
<tr><td></td><td colspan="3"></td><td colspan="3"></td></tr>
<tr><td></td><td colspan="3"></td><td colspan="3"></td></tr>
</table>

续表

程序号	程序	注解说明

注：此表不够可复印。

学习活动 2　国际象棋“兵”模型的数控车加工

学习目标

1. 能根据国际象棋“兵”模型图样，确定符合加工要求的工、量、夹具及辅件。

2. 能根据国际象棋“兵”模型毛坯及刀具材料，正确选择切削液。

3. 能正确输入零件的加工程序，应用数控车床的模拟检验功能，检查程序编写中的错误，并对程序进行优化。

4. 能在国际象棋“兵”模型加工过程中，严格按照数控车床操作规程操作机床。

5. 能根据切削状态调整切削用量，保证正常切削，并适时检测，保证国际象棋“兵”模型加工精度。

6. 能正确、规范地对国际象棋“兵”模型进行数控车床加工。

7. 能独立解决加工中出现的程序报警及机床简单故障。

8. 能按车间现场 6S 管理和产品工艺流程的要求，正确、规范地保养机床，进行产品交接并规范填写交接班记录表。

建议学时　20 学时

学习过程

一、加工准备

1. 填写工、量、刃具清单，并领取工、量、刃具。

工、量、刃具清单

序号	名称	规格	数量	备注
1				
2				
3				
4				
5				
6				
7				
8				
9				
10				

2．领取毛坯料，并测量毛坯外形尺寸，判断毛坯是否有足够的加工余量。记录所领毛坯料的实际尺寸。

3．根据加工对象及所用刀具，确定本次加工所用切削液。

二、零件加工

1．按照数控车床安全操作规程检查各项均符合要求后，送电开机。

2．按正确操作顺序，进行回机床参考点操作。

3．正确装夹工件，并对其进行找正。

4．对照刀具卡安装刀具，确保刀具号对应、位置尺寸正确、牢固可靠，并设定主轴转速。

5．按加工先后次序，采用试切法正确对刀。

6．程序输入与校验

（1）输入并调试国际象棋“兵”模型数控车加工程序。

（2）记录程序输入时产生的报警号，并说明产生报警的原因及解决办法。

报警记录

报警号	报警内容	报警原因	解决办法

7．自动加工

（1）加工中注意观察刀具的切削情况，记录加工中的不合理因素，以便于纠正，提高工作效率（如切削用量、加工路径等是否合理，刀具是否有干涉等）。

国际象棋“兵”模型加工中遇到的问题

问题	分析原因	预防措施	改进方法

（2）结合下图，说明在车圆锥时需要注意什么。

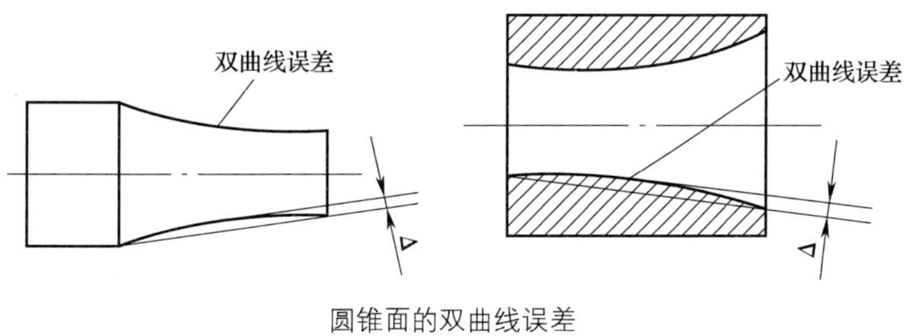

圆锥面的双曲线误差

（3）在国际象棋“兵”模型数控车加工时若出现配合过松，可能是什么原因造成的？如何解决？

三、保养机床、清理场地

加工完毕后，按照图样要求进行自检，正确放置零件，并进行产品交接确认；按照国家环保相关规定和车间要求整理现场，清扫切屑，保养机床，并正确处置废油液等废弃物；按车间规定填写交接班记录（附表1）和设备日常保养记录卡（附表2）。

学习活动3 国际象棋“兵”模型的检验与质量分析

学习目标

1. 能根据国际象棋“兵”模型图样，合理选择检验工具和量具，确定检测方法。

2. 能根据国际象棋“兵”模型的测量结果，分析误差产生的原因，提出修改意见。

3. 能正确、规范地使用工、量具，并对其进行合理保养和维护。

4. 能按检验室管理要求，正确放置检验用工、量具。

建议学时 4学时

学习过程

一、检验前准备知识的学习

1. 可以使用塞规检测内圆锥大端的尺寸，结合下图三种情况说明内圆锥大端尺寸判定方法。

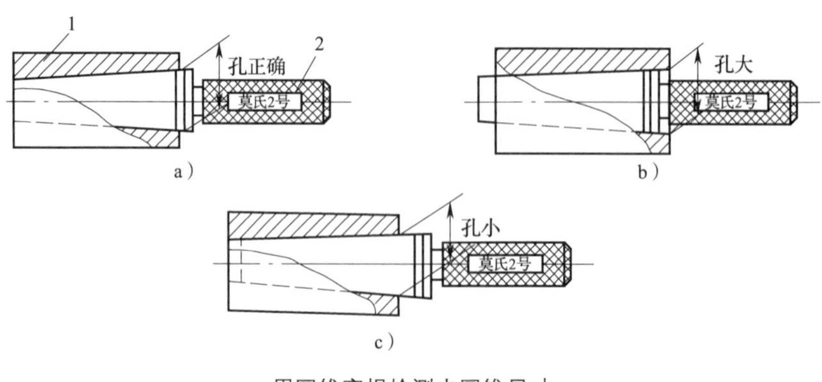

用圆锥塞规检测内圆锥尺寸

1—工件 2—塞规

2. 内圆锥锥度的检测，也可以使用塞规涂色检验的方法进行，结合下图说明如何用涂色法判定锥度的正确性。

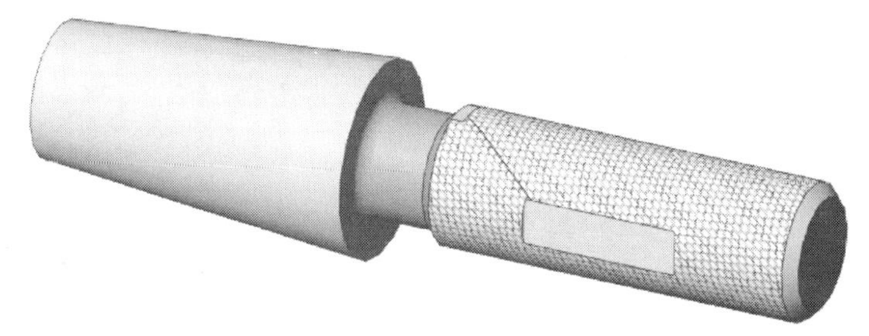

用标准圆锥塞规进行涂色检验

二、明确测量要素，领取检测用量具

1. 国际象棋“兵”模型中有哪些要素需要测量?

2. 根据国际象棋“兵”模型测量要素，写出检测国际象棋“兵”模型所对应的量具，并填入表中。

检测国际象棋“兵”模型所对应的量具

序号	量具名称	量具规格（精度）	检测内容	备注
1				
2				
3				
4				
5				
6				
7				

三、检测零件，填写国际象棋“兵”模型质量检验单

根据图样要求，自检国际象棋“兵”模型，并填写国际象棋“兵”模型质量检验单。

国际象棋“兵”模型质量检验单

零件	项目	序号	内容	检测结果	结论
件 1	外圆	1	$\phi48^{\ 0}_{-0.03}$ mm		
		2	$\phi24$ mm		
	内孔	3	$\phi21^{+0.03}_{\ 0}$ mm		
	长度	4	（48 ±0.05） mm		
		5	18 mm		
		6	11 mm		
		7	12 mm		
	锥度	8	内锥 1∶5		
	倒角	9	$C1$		
	圆弧	10	$R5$ mm		
		11	$R8.5$ mm		
		12	$R12$ mm（2 处）		
	表面质量	13	Ra 1.6 μm（2 处）		
		14	Ra 3.2 μm（6 处）		
件 2	外圆	15	$\phi21^{\ 0}_{-0.03}$ mm		
		16	$\phi34$ mm		
		17	$SR15$ mm		
		18	$S\phi30$ mm		
	长度	19	10 mm		
		20	12 mm		
		21	46 mm		
	几何公差	22	⌓ 0.02		
	锥度	23	外锥 1∶5		
	表面质量	24	Ra 1.6 μm（3 处）		
		25	Ra 3.2 μm（3 处）		
装配后	长度	26	（87 ±0.2） mm		
	几何公差	27	↗ 0.025 A		
检测结论					
产生不合格品的情况分析					

四、提出工艺方案修改意见

对不合格项目进行分析、讨论，小组提出修改意见。

不合格项目	产生原因	预防方法
尺寸不对		
圆弧连接不光滑		
装配后跳动量超差		
配合尺寸不正确		
表面质量不合格		

学习活动4　工作总结与评价

学习目标

1. 能按照国际象棋“兵”模型加工综合评价表完成自评。

2. 能按分组情况，分别派代表展示国际象棋“兵”模型加工成果，说明本次任务的完成情况，并作分析总结。

3. 能结合自身任务完成情况，正确、规范地撰写工作总结（心得体会）。

4. 能就本次任务中出现的问题提出改进措施。

5. 能对学习与工作进行反思总结，并能与他人开展良好合作，进行有效的沟通。

建议学时　4学时

学习过程

一、自我评价

国际象棋“兵”模型加工综合评价表

工件编号		技术要求	配分	总得分		
项目	序号			评分标准	检测记录	得分
机床操作（20%）	1	正确开启机床，检查	4	不正确、不合理无分		
	2	机床返回参考点	4	不正确、不合理无分		
	3	程序的输入及修改	4	不正确、不合理无分		
	4	程序空运行轨迹检查	4	不正确、不合理无分		
	5	对刀的方式和方法	4	不正确、不合理无分		

续表

工件编号					总得分		
项目	序号	技术要求		配分	评分标准	检测记录	得分
程序与工艺（20%）	6	程序格式规范		7	不合格每处扣 3 分		
	7	程序正确、完整		7	不合格每处扣 3 分		
	8	工艺合理		6	不合格每处扣 2 分		
零件质量（50%）	9	件 1	$\phi48_{-0.03}^{\ 0}$ mm	2	超差不得分		
	10		$\phi24$ mm	1	超差不得分		
	11		$\phi21_{\ 0}^{+0.03}$ mm	2	超差不得分		
	12		(48 ±0. 05) mm	2	超差不得分		
	13		18 mm	1	超差不得分		
	14		11 mm	1	超差不得分		
	15		12 mm	1	超差不得分		
	16		内锥 1∶5	3	不合格不得分		
	17		$C1$	1	不合格不得分		
	18		$R5$ mm	1	不合格不得分		
	19		$R8.5$ mm	1	不合格不得分		
	20		$R12$ mm（2 处）	1	不合格不得分		
	21		Ra 1. 6 μm（2 处）	1	降级不得分		
	22		Ra 3. 2 μm（6 处）	3	降级不得分		
	23	件 2	$\phi21_{-0.03}^{\ 0}$ mm	3	超差不得分		
	24		$\phi34$ mm	1	超差不得分		
	25		$SR15$ mm	1	不合格不得分		
	26		$S\phi30$ mm	1	不合格不得分		
	27		10 mm	1	超差不得分		
	28		12 mm	1	超差不得分		
	29		46 mm	1	超差不得分		
	30		⌓ 0.02	4	超差不得分		
	31		外锥 1∶5	3	不合格不得分		
	32		Ra 1. 6 μm（3 处）	1. 5	降级不得分		
	33		Ra 3. 2 μm（3 处）	1. 5	降级不得分		
	34	装配后	(87 ±0. 2) mm	6	超差不得分		
	35		↗ 0.025 A	4	降级不得分		

续表

工件编号		技术要求	配分	总得分		
项目	序号			评分标准	检测记录	得分
安全文明生产（10%）	36	安全操作	5	不按安全操作规程操作全扣		
	37	机床清理	5	不合格全扣		
总　配　分			100			

二、展示评价（小组评价）

把个人制作好的国际象棋“兵”模型先进行分组展示，再由小组推荐代表作必要的介绍。在展示的过程中，以小组为单位进行评价；评价完成后，根据其他小组成员对本组展示成果的评价意见进行归纳总结。完成如下项目：

（1）展示的国际象棋“兵”模型符合技术标准吗？

很好□　　一般□　　不准确□

（2）本小组介绍成果表达是否清晰？

很好□　　一般，常补充□　　不清晰□

（3）本小组演示的国际象棋“兵”模型加工方法操作正确吗？

正确□　　部分正确□　　不正确□

（4）本小组演示操作时遵循了“6S”的工作要求吗？

符合工作要求□　　忽略了部分要求□　　完全没有遵循□

（5）本小组的检测量具、量仪保养完好吗？

良好□　　一般□　　不合要求□

（6）本小组成员的团队创新精神如何？

良好□　　一般□　　不足□

三、教师评价

教师对展示的作品分别作评价。

1. 找出各小组的优点进行点评。

2. 对展示过程中各小组的缺点进行点评，提出改进方法。

3. 对整个任务完成中出现的亮点和不足进行点评。

四、总结提升

1. 根据国际象棋“兵”模型加工质量及完成情况，分析国际象棋“兵”模型编程与加工中的不合理处及其原因并提出改进意见，填入表中。

国际象棋“兵”模型加工不合理处及改进意见

序号	工作内容	不合理处	不合理的原因	改进意见
1	零件工艺处理与编程			
2	零件数控车加工			
3	零件质量			

2. 结合自身任务完成情况，通过交流讨论等方式较全面、规范地撰写本次任务的工作总结。

工作总结（心得体会）

评价与分析

学习任务二评价表

班级：__________ 学生姓名：__________ 学号：__________

项目	自我评价			小组评价			教师评价		
	10～9	8～6	5～1	10～9	8～6	5～1	10～9	8～6	5～1
	占总评 10%			占总评 30%			占总评 60%		
学习活动 1									
学习活动 2									
学习活动 3									
学习活动 4									
表达能力									
协作精神									
纪律观念									
工作态度									
操作规范性									
任务总体表现									
小计分									
总评分									

任课教师：________ 年 月 日

学习任务三　国际象棋“车”模型的数控车加工

学习目标

1. 能阅读生产任务单，明确工作任务，制定合理的工作计划。

2. 能对国际象棋“车”模型图样进行正确的分析。

3. 能正确、规范地填写国际象棋“车”模型加工工艺卡。

4. 能合理制定国际象棋“车”模型的数控加工工艺路线，填写数控加工工序卡。

5. 能完成国际象棋“车”模型数控加工程序的编制。

6. 能正确、规范地对国际象棋“车”模型进行数控车床加工。

7. 能按车间现场6S管理和产品工艺流程的要求，正确、规范地保养机床，进行产品交接并规范填写交接班记录表。

8. 能对国际象棋“车”模型进行正确的测量，评估与判断零件质量是否合格，并提出改进措施。

9. 能主动获取有效信息，展示工作成果，对学习与工作进行反思总结，并能与他人开展良好合作，进行有效的沟通。

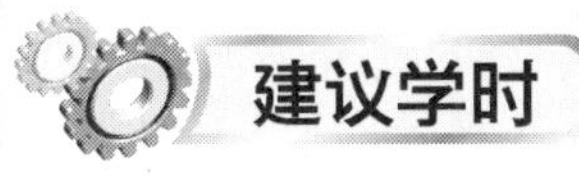

60 学时

某文具公司委托我单位设计一款国际象棋“车”模型，外形要求两件组合，工期为 15 天。

生产主管部门将该生产任务交予我数控车工组完成。

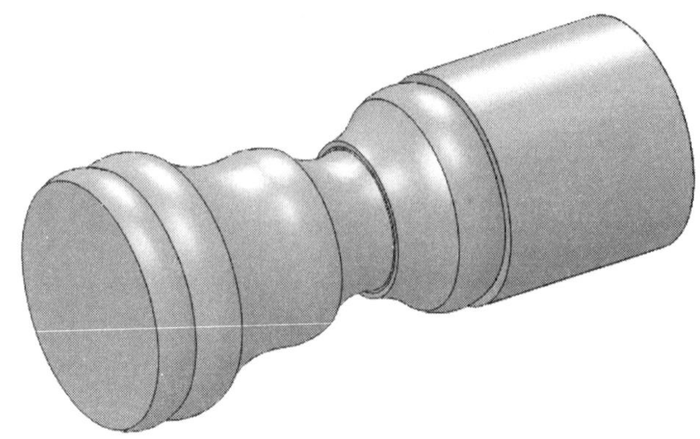

国际象棋“车”模型

工作流程与活动

1. 国际象棋“车”模型加工工艺分析与编程（12学时）
2. 国际象棋“车”模型的数控车加工（40学时）
3. 国际象棋“车”模型的检验与质量分析（4学时）
4. 工作总结与评价（4学时）

学习活动1　国际象棋“车”模型加工工艺分析与编程

学习目标

1. 能阅读生产任务单，明确工作任务，制定合理的工作计划。

2. 能正确表述国际象棋“车”模型外形的特点。

3. 能正确描述螺纹配合的形式及特点。

4. 能对国际象棋“车”模型图样进行正确的分析。

5. 能正确、规范地填写国际象棋“车”模型加工工艺卡。

6. 能根据加工工艺、国际象棋“车”模型材料和形状特征等选择刀具，并确定切削用量。

7. 能合理制定国际象棋“车”模型的数控加工工艺路线，填写数控加工工序卡。

8. 能完成国际象棋“车”模型数控加工程序的编制。

建议学时　12学时

学习过程

一、阅读生产任务单

国际象棋“车”模型生产任务单

单位名称				完成时间	年　月　日
序号	产品名称	材料	生产数量	技术标准、质量要求	
1	国际象棋“车”模型	2A12	30	按图样要求	
2					

续表

序号	产品名称	材料	生产数量	技术标准、质量要求		
3						
生产批准时间		年　月　日	批准人			
通知任务时间		年　月　日	发单人			
接单时间		年　月　日	接单人		生产班组	数控车工组

1. 描述国际象棋“车”外形的特点。

国际象棋“车”

2. 本生产任务工期为 15 天，请依据任务要求，制定合理的工作计划，并根据小组成员的特点进行分工。

序号	工作内容	时间	成员	负责人
1	工艺分析			
2	程序编制			
3	数控车加工			
4	成品检验与质量分析			

二、根据国际象棋“车”模型图样，制定加工工艺卡

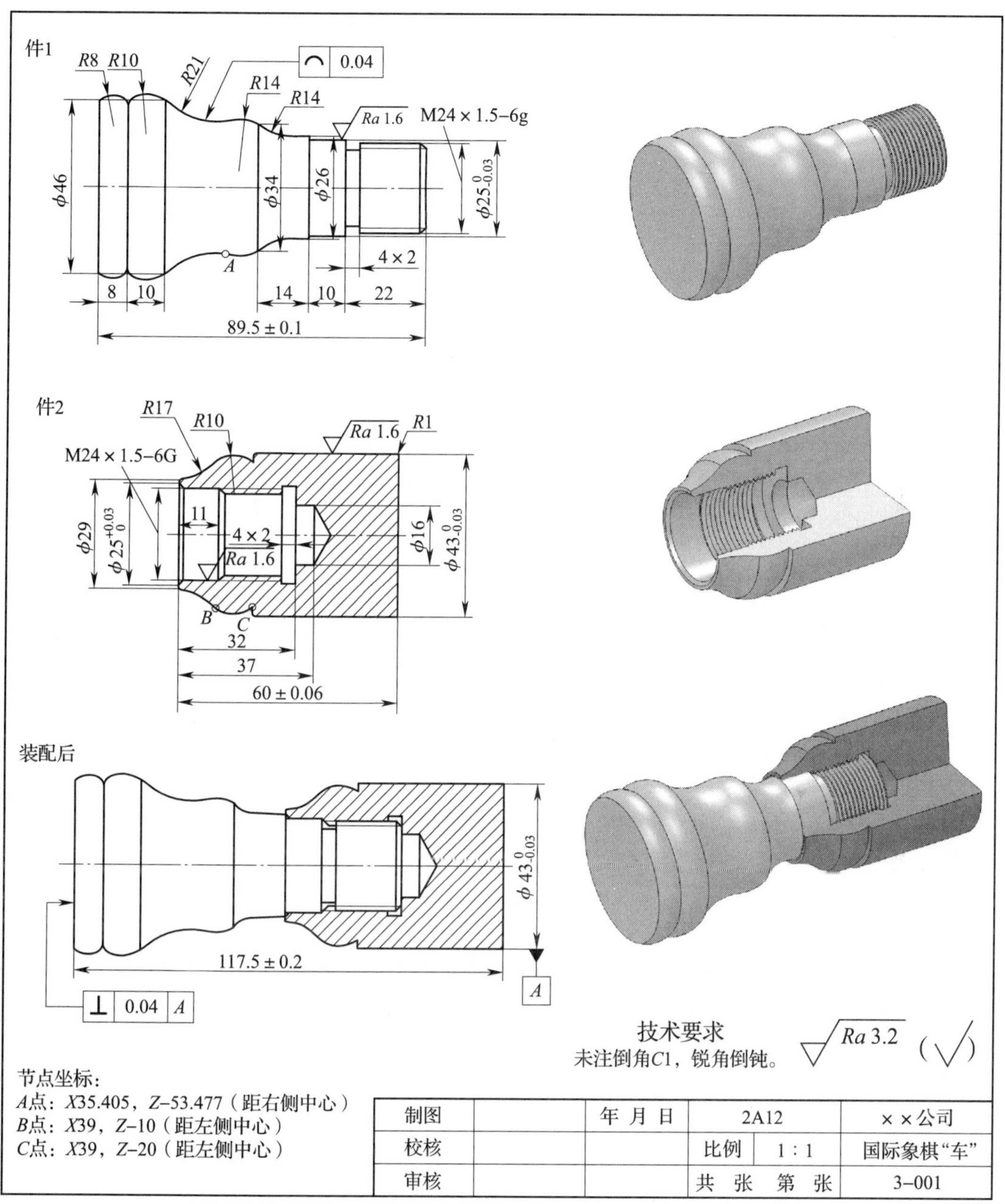

国际象棋“车”模型图样

1．识读国际象棋“车”模型图样

（1）件 1 加工内容有哪些？加工关键部位有哪些？

（2）件 2 加工内容有哪些？加工关键部位有哪些？

（3）说明国际象棋“车”模型图样中几何公差 | ⊥ | 0.04 | A | 的含义。

（4）应如何保证装配图中（117.5 ±0.2）mm 装配尺寸？

（5）国际象棋“车”模型是由两件装配而成，采用螺纹配合形式，该配合形式在生产生活中十分常见，你所知道的螺纹配合有哪些？螺纹配合有什么特点？

1）螺纹配合举例：

2）螺纹配合特点：

（6）国家标准规定，内、外螺纹公差带的位置由基本偏差确定，外螺纹的上偏差（es）和内螺纹的下偏差（EI）为基本偏差，内螺纹公差带位置有两种：G、H；外螺纹公差带位置有四种：e、f、g、h。解释国际象棋“车”模型图样中 M24×1.5－6g 和 M24×1.5－6G 的含义。

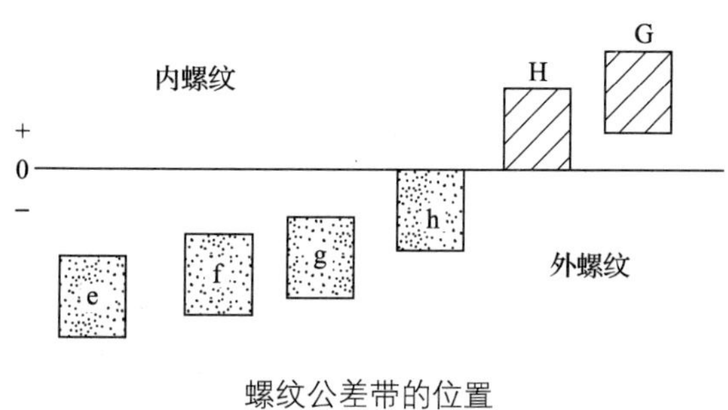

螺纹公差带的位置

（7）件 1 和件 2 的螺纹分别为 M24×1.5－6g 和 M24×1.5－6G，分别查表计算内外螺纹的大径、中径、小径及相应公差。

2. 制定国际象棋“车”模型加工工艺卡

（1）根据件 1 和件 2 的加工内容，选择加工设备。

（2）根据加工内容，确定件 1、件 2 加工用夹具。

（3）根据件 1、件 2 加工内容，确定对应的加工刀具、量具，并填在表中。

件 1 加工内容及对应刀具、量具

序号	加工内容	刀具	量具
1			
2			
3			
4			
5			

件 2 加工内容及对应刀具、量具

序号	加工内容	刀具	量具
1			
2			
3			
4			
5			

（4）为保证最终的装配质量，国际象棋“车”模型加工过程中应采取什么样的加工顺序？

（5）根据上述分析，填写国际象棋“车”模型加工工艺卡。

国际象棋“车”模型加工工艺卡

<table>
<tr><td rowspan="2">单位名称</td><td rowspan="2"></td><td colspan="3">产品名称</td><td colspan="2"></td><td>图号</td><td></td></tr>
<tr><td colspan="3">零件名称</td><td></td><td>数量</td><td></td><td>第　页</td></tr>
<tr><td>材料种类</td><td></td><td>材料牌号</td><td></td><td colspan="2">毛坯尺寸</td><td colspan="2"></td><td>共　页</td></tr>
<tr><td rowspan="2">工序号</td><td rowspan="2">工序内容</td><td rowspan="2">车间</td><td rowspan="2">设备</td><td colspan="3">工具</td><td rowspan="2">计划工时</td><td rowspan="2">实际工时</td></tr>
<tr><td>夹具</td><td>量具</td><td>刃具</td></tr>
<tr><td></td><td></td><td></td><td></td><td></td><td></td><td></td><td></td><td></td></tr>
<tr><td></td><td></td><td></td><td></td><td></td><td></td><td></td><td></td><td></td></tr>
<tr><td></td><td></td><td></td><td></td><td></td><td></td><td></td><td></td><td></td></tr>
<tr><td></td><td></td><td></td><td></td><td></td><td></td><td></td><td></td><td></td></tr>
<tr><td></td><td></td><td></td><td></td><td></td><td></td><td></td><td></td><td></td></tr>
<tr><td></td><td></td><td></td><td></td><td></td><td></td><td></td><td></td><td></td></tr>
<tr><td></td><td></td><td></td><td></td><td></td><td></td><td></td><td></td><td></td></tr>
<tr><td>更改号</td><td></td><td>拟定</td><td colspan="2">校正</td><td colspan="2">审核</td><td colspan="2">批准</td></tr>
<tr><td>更改者</td><td></td><td></td><td colspan="2"></td><td colspan="2"></td><td colspan="2"></td></tr>
<tr><td>日期</td><td></td><td></td><td colspan="2"></td><td colspan="2"></td><td colspan="2"></td></tr>
</table>

三、数控加工工艺分析

1. 设计件 1 的加工路线图。

2. 设计件 2 的加工路线图。

3. 想一想，国际象棋“车”模型的加工技术难点是什么?

4. 根据国际象棋“车”模型加工内容，完成国际象棋“车”模型加工刀具卡。

国际象棋“车”模型加工刀具卡

产品名称或代号		零件名称		零件图号	
刀具号	刀具名称	数量	加工内容	刀尖半径（mm）	刀具规格（mm × mm）
编制	审核	批准		第　页	共　页

5. 根据上述分析，制定国际象棋“车”模型数控加工工序卡。

国际象棋“车”模型数控加工工序卡

<table>
<tr><td rowspan="2">单位名称</td><td rowspan="2"></td><td colspan="2">产品名称或代号</td><td colspan="2">零件名称</td><td colspan="2">零件图号</td></tr>
<tr><td colspan="2"></td><td colspan="2"></td><td colspan="2"></td></tr>
<tr><td>工序号</td><td>程序编号</td><td colspan="2">夹具名称</td><td colspan="2">使用设备</td><td colspan="2">车间</td></tr>
<tr><td></td><td></td><td colspan="2"></td><td colspan="2"></td><td colspan="2"></td></tr>
<tr><td>工步号</td><td>工步内容</td><td>刀具号</td><td>刀具规格（mm）</td><td>主轴转速（r/min）</td><td>进给速度（mm/min）</td><td>背吃刀量（mm）</td><td>备注</td></tr>
<tr><td></td><td></td><td></td><td></td><td></td><td></td><td></td><td></td></tr>
<tr><td></td><td></td><td></td><td></td><td></td><td></td><td></td><td></td></tr>
<tr><td></td><td></td><td></td><td></td><td></td><td></td><td></td><td></td></tr>
<tr><td></td><td></td><td></td><td></td><td></td><td></td><td></td><td></td></tr>
<tr><td></td><td></td><td></td><td></td><td></td><td></td><td></td><td></td></tr>
<tr><td></td><td></td><td></td><td></td><td></td><td></td><td></td><td></td></tr>
<tr><td></td><td></td><td></td><td></td><td></td><td></td><td></td><td></td></tr>
<tr><td></td><td></td><td></td><td></td><td></td><td></td><td></td><td></td></tr>
<tr><td></td><td></td><td></td><td></td><td></td><td></td><td></td><td></td></tr>
<tr><td></td><td></td><td></td><td></td><td></td><td></td><td></td><td></td></tr>
<tr><td></td><td></td><td></td><td></td><td></td><td></td><td></td><td></td></tr>
<tr><td></td><td></td><td></td><td></td><td></td><td></td><td></td><td></td></tr>
<tr><td></td><td></td><td></td><td></td><td></td><td></td><td></td><td></td></tr>
<tr><td></td><td></td><td></td><td></td><td></td><td></td><td></td><td></td></tr>
<tr><td></td><td></td><td></td><td></td><td></td><td></td><td></td><td></td></tr>
<tr><td>编制</td><td></td><td>审核</td><td></td><td>批准</td><td></td><td>共　页</td><td>第　页</td></tr>
</table>

四、编制程序

1. 根据件 1 加工路线图，确定编程坐标系原点，并求出主要基点坐标值。

2. 根据件 2 加工路线图，确定编程坐标系原点，并求出主要基点坐标值。

3. 填写国际象棋“车”模型数控加工程序卡。

国际象棋“车”模型数控加工程序卡

<table>
<tr><td rowspan="3">数控加工程序卡</td><td>零件毛坯尺寸</td><td colspan="3"></td><td>编写日期</td><td></td></tr>
<tr><td>零件名称</td><td></td><td>工序号</td><td></td><td>材料</td><td></td></tr>
<tr><td>车床型号</td><td></td><td>夹具名称</td><td></td><td>实训车间</td><td></td></tr>
<tr><td>程序号</td><td colspan="3">程序</td><td colspan="3">注解说明</td></tr>
<tr><td></td><td colspan="3"></td><td colspan="3"></td></tr>
<tr><td></td><td colspan="3"></td><td colspan="3"></td></tr>
<tr><td></td><td colspan="3"></td><td colspan="3"></td></tr>
<tr><td></td><td colspan="3"></td><td colspan="3"></td></tr>
<tr><td></td><td colspan="3"></td><td colspan="3"></td></tr>
<tr><td></td><td colspan="3"></td><td colspan="3"></td></tr>
<tr><td></td><td colspan="3"></td><td colspan="3"></td></tr>
<tr><td></td><td colspan="3"></td><td colspan="3"></td></tr>
<tr><td></td><td colspan="3"></td><td colspan="3"></td></tr>
<tr><td></td><td colspan="3"></td><td colspan="3"></td></tr>
<tr><td></td><td colspan="3"></td><td colspan="3"></td></tr>
<tr><td></td><td colspan="3"></td><td colspan="3"></td></tr>
<tr><td></td><td colspan="3"></td><td colspan="3"></td></tr>
<tr><td></td><td colspan="3"></td><td colspan="3"></td></tr>
<tr><td></td><td colspan="3"></td><td colspan="3"></td></tr>
<tr><td></td><td colspan="3"></td><td colspan="3"></td></tr>
<tr><td></td><td colspan="3"></td><td colspan="3"></td></tr>
<tr><td></td><td colspan="3"></td><td colspan="3"></td></tr>
<tr><td></td><td colspan="3"></td><td colspan="3"></td></tr>
<tr><td></td><td colspan="3"></td><td colspan="3"></td></tr>
</table>

续表

程序号	程序	注解说明

注：此表不够可复印。

学习活动2　国际象棋“车”模型的数控车加工

学习目标

1. 能根据国际象棋“车”模型图样，确定符合加工要求的工、量、夹具及辅件。

2. 能根据国际象棋“车”模型毛坯及刀具材料，正确选择切削液。

3. 能正确输入零件的加工程序，应用数控车床的模拟检验功能，检查程序编写中的错误，并对程序进行优化。

4. 能在国际象棋“车”模型加工过程中，严格按照数控车床操作规程操作机床。

5. 能根据切削状态调整切削用量，保证正常切削，并适时检测，保证国际象棋“车”模型加工精度。

6. 能正确、规范地对国际象棋“车”模型进行数控车床加工。

7. 能独立解决加工中出现的程序报警及机床简单故障。

8. 能按车间现场6S管理和产品工艺流程的要求，正确、规范地保养机床，进行产品交接并规范填写交接班记录表。

建议学时　40学时

学习过程

一、加工准备

1. 填写工、量、刃具清单，并领取工、量、刃具。

工、量、刃具清单

序号	名称	规格	数量	备注
1				
2				
3				
4				
5				
6				
7				
8				
9				
10				

2. 领取毛坯料，并测量毛坯外形尺寸，判断毛坯是否有足够的加工余量。记录所领毛坯料的实际尺寸。

3. 根据加工对象及所用刀具，确定本次加工所用切削液。

4. 如果采用径向前角等于0°的螺纹车刀，切屑排出困难，就很难把螺纹车光，因此可采用有5°～15°径向前角的螺纹车刀。但这样牙型角就会产生变化，必须用修正刀尖角的办法来补偿牙型角误差，具体见下表。

前面上的刀尖角修正值

前面上的刀尖角 \ 牙型角 \ 径向前角	60°	55°	40°	30°	29°
0°	60°	55°	40°	30°	29°
5°	59°48′	54°48′	39°51′	29°53′	28°53′
10°	59°14′	54°16′	39°26′	29°33′	28°34′
15°	58°18′	53°23′	38°44′	29°1′	28°3′
20°	56°57′	52°8′	37°45′	28°16′	29°19′

写出用螺纹样板在测量螺纹车刀的刀尖角时的测量操作要领。

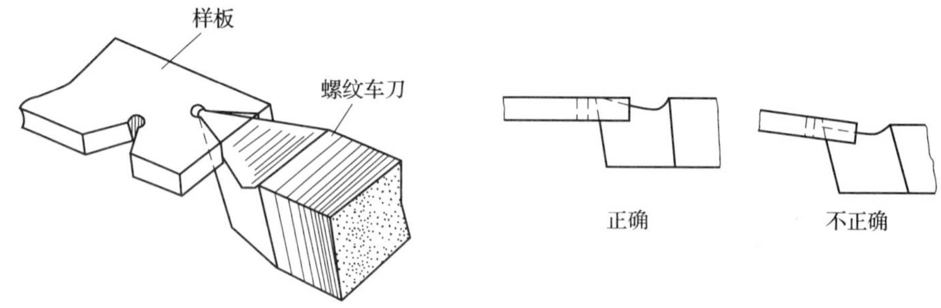

用螺纹样板测量刀尖角

二、零件加工

1. 按照数控车床安全操作规程检查各项均符合要求后，送电开机。

2. 按正确操作顺序，进行回机床参考点操作。

3. 正确装夹工件，并对其进行找正。

4. 对照刀具卡安装刀具，确保刀具号对应、位置尺寸正确、牢固可靠，并设定主轴转速。

5. 按加工先后次序，采用试切法正确对刀。

6. 程序输入与校验

（1）输入并调试国际象棋“车”模型数控车加工程序。

（2）记录程序输入时产生的报警号，并说明产生报警的原因及解决办法。

报警记录

报警号	报警内容	报警原因	解决办法

7．自动加工

（1）加工中注意观察刀具的切削情况，记录加工中的不合理因素，以便于纠正，提高工作效率（如切削用量、加工路径等是否合理，刀具是否有干涉等）。

国际象棋“车”模型加工中遇到的问题

问题	分析原因	预防措施	改进方法

（2）在国际象棋“车”模型数控车加工时若出现螺纹配合过松，可能是什么原因造成的？如何解决？

三、保养机床、清理场地

加工完毕后，按照图样要求进行自检，正确放置零件，并进行产品交接确认；按照国家环保相关规定和车间要求整理现场，清扫切屑，保养机床，并正确处置废油液等废弃物；按车间规定填写交接班记录（附表1）和设备日常保养记录卡（附表2）。

学习活动3　国际象棋“车”模型的检验与质量分析

学习目标

1. 能根据国际象棋“车”模型图样，合理选择检验工具和量具，确定检测方法。

2. 能根据国际象棋“车”模型的测量结果，分析误差产生的原因，提出修改意见。

3. 能正确、规范地使用工、量具，并对其进行合理保养和维护。

4. 能按检验室管理要求，正确放置检验用工、量具。

建议学时　4学时

学习过程

一、明确测量要素，领取检测用量具

1. 国际象棋“车”模型中有哪些要素需要测量？

2. 根据国际象棋“车”模型测量要素，写出检测国际象棋“车”模型所对应的量具，并填入表中。

检测国际象棋“车”模型所对应的量具

序号	量具名称	量具规格（精度）	检测内容	备注
1				
2				
3				
4				
5				
6				
7				

二、检测零件，填写国际象棋“车”模型质量检验单

根据图样要求，自检国际象棋“车”模型，并完成国际象棋“车”模型质量检验单。

国际象棋“车”模型质量检验单

零件	项目	序号	内容	检测结果	结论
件 1	外圆	1	$\phi25_{-0.03}^{0}$ mm		
		2	$\phi26$ mm		
		3	$\phi34$ mm		
		4	$\phi46$ mm		
	槽	5	4 mm×2 mm		
	长度	6	(89.5±0.1) mm		
		7	8 mm		
		8	10 mm（2 处）		
		9	14 mm		
		10	22 mm		
	几何公差	11	⌒ 0.04		
	圆弧	12	$R8$ mm		
		13	$R10$ mm		
		14	$R21$ mm		
		15	$R14$ mm（2 处）		
	螺纹	16	M24×1.5－6g		
	倒角	17	$C1$		
	表面质量	18	$Ra1.6$ μm		
		19	$Ra3.2$ μm（10 处）		

续表

零件	项目	序号	内容	检测结果	结论
件 2	外圆	20	$\phi43_{-0.03}^{0}$ mm		
		21	$\phi29$ mm		
	内孔	22	$\phi25_{0}^{+0.03}$ mm		
	圆弧	23	$R17$ mm		
		24	$R10$ mm		
	长度	25	11 mm		
		26	32 mm		
		27	37 mm		
		28	(60 ±0.06) mm		
	槽	29	4 mm ×2 mm		
	螺纹	30	M24 ×1.5 –6G		
	倒角	31	$C1$ (2 处)		
	圆角	32	$R1$ mm		
	表面质量	33	Ra 1.6 μm (2 处)		
		34	Ra 3.2 μm (4 处)		
装配后	长度	35	(117.5 ±0.2) mm		
	几何公差	36	⊥ 0.04 A		
检测结论					
产生不合格品的情况分析					

三、提出工艺方案修改意见

1. 对不合格项目进行分析、讨论，小组提出修改意见。

不合格项目	产生原因	预防方法
尺寸不对		
内沟槽质量差		

续表

不合格项目	产生原因	预防方法
装配后垂直度超差		
配合尺寸不正确		

2. 就各类螺纹加工缺陷，说明其产生的原因和预防方法，完成下表。

螺纹废品分析及预防方法

螺纹废品种类	产生原因	预防方法
中径不正确		
螺距（导程）不正确		
牙型不正确		
乱牙		
螺纹表面粗糙度不合格		

学习活动 4　工作总结与评价

学习目标

1. 能按照国际象棋“车”模型加工综合评价表完成自评。

2. 能按分组情况，分别派代表展示国际象棋“车”模型加工成果，说明本次任务的完成情况，并作分析总结。

3. 能结合自身任务完成情况，正确、规范地撰写工作总结（心得体会）。

4. 能就本次任务中出现的问题提出改进措施。

5. 能对学习与工作进行反思总结，并能与他人开展良好合作，进行有效的沟通。

建议学时　4 学时

学习过程

一、自我评价

国际象棋“车”模型加工综合评价表

工件编号		技术要求	配分	总得分		
项目	序号			评分标准	检测记录	得分
机床操作（20%）	1	正确开启机床，检查	4	不正确、不合理无分		
	2	机床返回参考点	4	不正确、不合理无分		
	3	程序的输入及修改	4	不正确、不合理无分		
	4	程序空运行轨迹检查	4	不正确、不合理无分		
	5	对刀的方式和方法	4	不正确、不合理无分		

续表

工件编号		技术要求		配分	总得分		
项目	序号				评分标准	检测记录	得分
程序与工艺（20%）	6	程序格式规范		7	不合格每处扣3分		
	7	程序正确、完整		7	不合格每处扣3分		
	8	工艺合理		6	不合格每处扣2分		
零件质量（50%）	9	件1	$\phi 25_{-0.03}^{0}$ mm	3	超差不得分		
	10		$\phi 26$ mm	1	超差不得分		
	11		$\phi 34$ mm	1	超差不得分		
	12		$\phi 46$ mm	1	超差不得分		
	13		4 mm×2 mm	2	超差不得分		
	14		（89.5±0.1）mm	2	超差不得分		
	15		8 mm	1	超差不得分		
	16		10 mm（2处）	1	超差不得分		
	17		14 mm	0.5	超差不得分		
	18		22 mm	0.5	超差不得分		
	19		⌒ 0.04	1	超差不得分		
	20		*R*8 mm	1	不合格不得分		
	21		*R*10 mm	1	不合格不得分		
	22		*R*21 mm	1	不合格不得分		
	23		*R*14 mm（2处）	1	不合格不得分		
	24		M24×1.5-6g	3	不合格不得分		
	25		*C*1	1	不合格不得分		
	26		*Ra* 1.6 μm	1	降级不得分		
	27		*Ra* 3.2 μm（10处）	2	降级不得分		
	28	件2	$\phi 43_{-0.03}^{0}$ mm	2	超差不得分		
	29		$\phi 29$ mm	1	超差不得分		
	30		$\phi 25_{0}^{+0.03}$ mm	2	超差不得分		
	31		*R*17 mm	1	不合格不得分		
	32		*R*10 mm	1	不合格不得分		
	33		11 mm	1	超差不得分		
	34		32 mm	1	超差不得分		
	35		37 mm	1	超差不得分		
	36		（60±0.06）mm	2	超差不得分		
	37		4 mm×2 mm	1	超差不得分		
	38		M24×1.5-6G	3	不合格不得分		
	39		*C*1（2处）	1	不合格不得分		
	40		*R*1 mm	1	不合格不得分		
	41		*Ra* 1.6 μm（2处）	1	降级不得分		
	42		*Ra* 3.2 μm（4处）	2	降级不得分		
	43	装配后	（117.5±0.2）mm	2	超差不得分		
	44		⊥ 0.04 *A*	2	超差不得分		

续表

工件编号		技术要求	配分	总得分		
项目	序号			评分标准	检测记录	得分
安全文明生产（10%）	45	安全操作	5	不按安全操作规程操作全扣		
	46	机床清理	5	不合格全扣		
总配分			100			

二、展示评价（小组评价）

把个人制作好的国际象棋“车”模型先进行分组展示，再由小组推荐代表作必要的介绍。在展示的过程中，以小组为单位进行评价；评价完成后，根据其他小组成员对本组展示成果的评价意见进行归纳总结。完成如下项目：

（1）展示的国际象棋“车”模型符合技术标准吗？

很好□　　一般□　　不准确□

（2）本小组介绍成果表达是否清晰？

很好□　　一般，常补充□　　不清晰□

（3）本小组演示的国际象棋“车”模型加工方法操作正确吗？

正确□　　部分正确□　　不正确□

（4）本小组演示操作时遵循了“6S”的工作要求吗？

符合工作要求□　　忽略了部分要求□　　完全没有遵循□

（5）本小组的检测量具、量仪保养完好吗？

良好□　　一般□　　不合要求□

（6）本小组成员的团队创新精神如何？

良好□　　一般□　　不足□

三、教师评价

教师对展示的作品分别作评价。

1. 找出各小组的优点进行点评。
2. 对展示过程中各小组的缺点进行点评，提出改进方法。
3. 对整个任务完成中出现的亮点和不足进行点评。

四、总结提升

1. 根据国际象棋“车”模型加工质量及完成情况，分析国际象棋“车”模型编程与加工中的不合理处及其原因并提出改进意见，填入表中。

国际象棋“车”模型加工不合理处及改进意见

序号	工作内容	不合理处	不合理的原因	改进意见
1	零件工艺处理与编程			
2	零件数控车加工			
3	零件质量			

2. 结合自身任务完成情况，通过交流讨论等方式较全面、规范地撰写本次任务的工作总结。

工作总结（心得体会）

评价与分析

学习任务三评价表

班级：________________ 学生姓名：________________ 学号：__________________

项目	自我评价			小组评价			教师评价		
	10 ~ 9	8 ~ 6	5 ~ 1	10 ~ 9	8 ~ 6	5 ~ 1	10 ~ 9	8 ~ 6	5 ~ 1
	占总评 10%			占总评 30%			占总评 60%		
学习活动 1									
学习活动 2									
学习活动 3									
学习活动 4									
表达能力									
协作精神									
纪律观念									
工作态度									
操作规范性									
任务总体表现									
小计分									
总评分									

任课教师：________________ 年 月 日

学习任务四　足球杯模型的数控车加工

学习目标

1. 能阅读生产任务单，明确工作任务，制定合理的工作计划。

2. 能对足球杯模型图样进行正确的分析。

3. 能正确、规范地填写足球杯模型加工工艺卡。

4. 能合理制定足球杯模型的数控加工工艺路线，填写数控加工工序卡。

5. 能完成足球杯模型数控加工程序的编制。

6. 能正确、规范地对足球杯模型进行数控车床加工。

7. 能按车间现场6S管理和产品工艺流程的要求，正确、规范地保养机床，进行产品交接并规范填写交接班记录表。

8. 能对足球杯模型进行正确的测量，评估与判断零件质量是否合格，并提出改进措施。

9. 能主动获取有效信息，展示工作成果，对学习与工作进行反思总结，并能与他人开展良好合作，进行有效的沟通。

建议学时

60学时

工作情境描述

某广告公司需要制作一批足球杯模型作为样品进行展示，现委托我单位研制和制作。经讨论研究，我单位决定制作足球杯模型3～4款，工期为15天。生产主管部门将该生产任务交予我数控车工组完成。

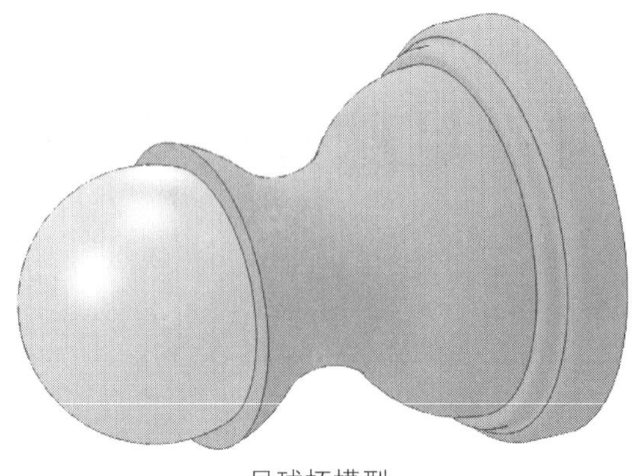

足球杯模型

工作流程与活动

1. 足球杯模型加工工艺分析与编程（22 学时）
2. 足球杯模型的数控车加工（30 学时）
3. 足球杯模型的检验与质量分析（4 学时）
4. 工作总结与评价（4 学时）

学习活动1　足球杯模型加工工艺分析与编程

学习目标

1. 能阅读生产任务单，明确工作任务，制定合理的工作计划。

2. 能正确表述足球杯模型外形的特点。

3. 能通过各类资讯手段，设计足球杯模型底座的结构，并分析合理性。

4. 能对足球杯模型图样进行正确的分析。

5. 能对设计的足球杯模型进行装夹方式及加工难点分析。

6. 能正确、规范地填写足球杯模型加工工艺卡。

7. 能根据加工工艺、足球杯模型材料和形状特征等选择刀具，并确定切削用量。

8. 能合理制定足球杯模型的数控加工工艺路线，填写数控加工工序卡。

9. 能完成足球杯模型数控加工程序的编制。

建议学时　22学时

学习过程

一、阅读生产任务单

足球杯模型生产任务单

<table>
<tr><td colspan="2">单位名称</td><td colspan="2"></td><td>完成时间</td><td>年　月　日</td></tr>
<tr><td>序号</td><td>产品名称</td><td>材料</td><td>生产数量</td><td colspan="2">技术标准、质量要求</td></tr>
<tr><td>1</td><td>足球杯模型</td><td>H68A</td><td>30</td><td colspan="2">按图样要求</td></tr>
</table>

续表

序号	产品名称	材料	生产数量	技术标准、质量要求		
2						
3						
生产批准时间		年 月 日	批准人			
通知任务时间		年 月 日	发单人			
接单时间		年 月 日	接单人		生产班组	数控车工组

1. 描述足球杯模型外形的特点，上网查阅足球杯模型的相关资料，构思造型。

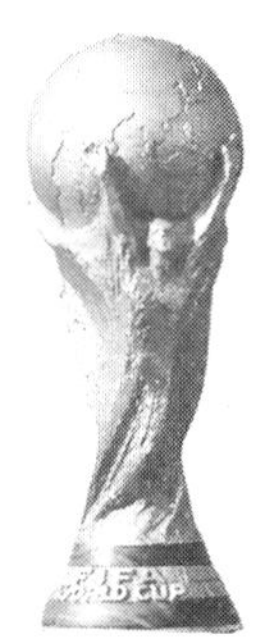

足球杯模型

2. 想一想，H68A 属于什么材料，它有什么特性?

3. 本生产任务工期为 15 天，请依据任务要求，制定合理的工作计划，并根据小组成员的特点进行分工。

序号	工作内容	时间	成员	负责人
1	足球杯设计			
2	工艺分析			
3	程序编制			
4	数控车加工			
5	成品检验与质量分析			

二、根据足球杯模型图样，制定加工工艺卡

1．识读足球杯模型图样

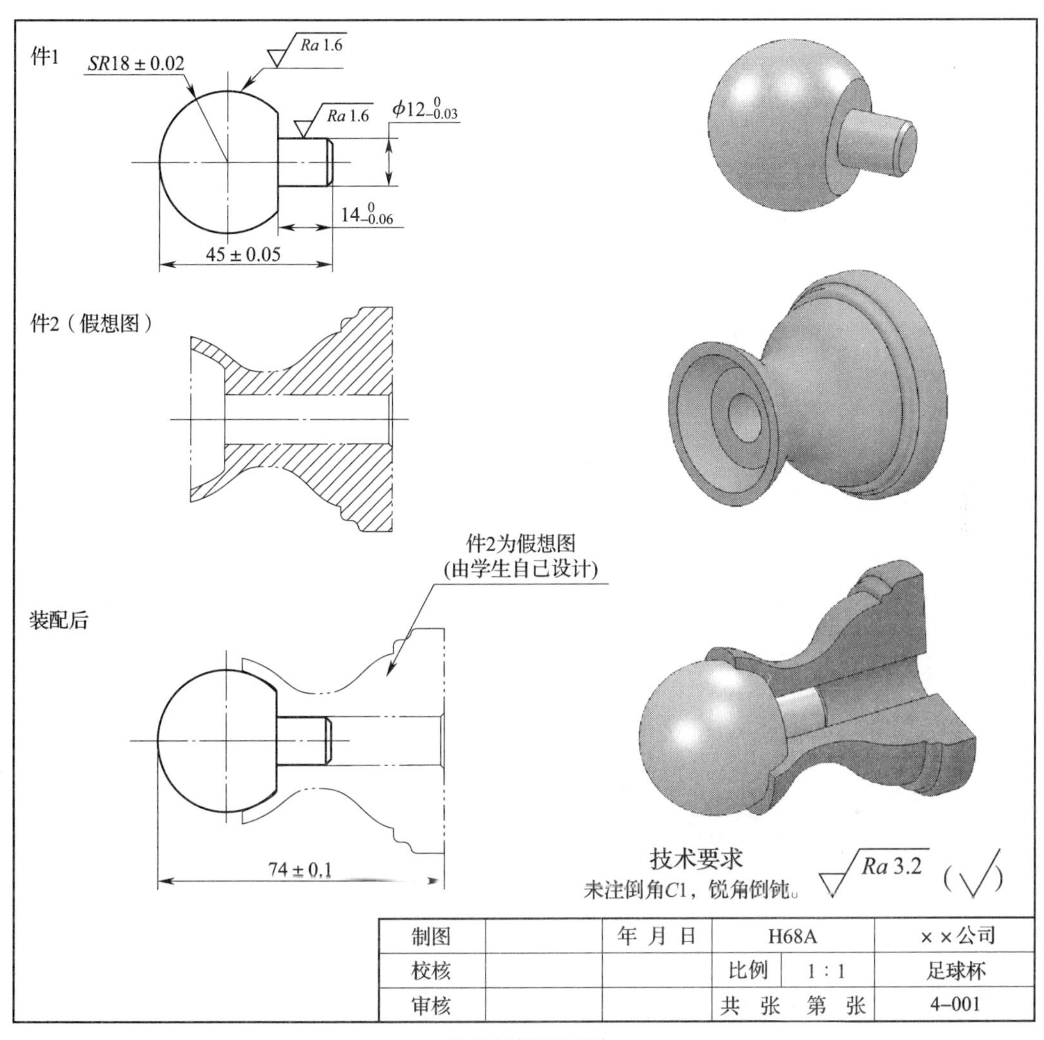

足球杯模型图样

（1）从足球杯模型图样中可以看出，它是由两件装配而成，采用圆弧配合形式，说明该配合形式可能涉及的加工难点有哪些。

（2）构思足球杯模型件 2 底座形状，绘制草图。

（3）分析件 2 的装夹方式及加工难点。

（4）根据以上绘制的草图，分析加工可行性，若加工存在困难，修订图样要求，完成进一步设计，直至完善。用计算机绘图软件绘制出最终的足球杯模型组件各零件图和装配图，并将图样输出打印。

2. 制定足球杯模型加工工艺卡

（1）根据件 1 和件 2 的加工内容，选择加工设备。

（2）根据加工内容，确定件 1、件 2 加工用夹具。

（3）根据件 1、件 2 加工内容，确定对应的加工刀具、量具，并填在表中。

件 1 加工内容及对应刀具、量具

序号	加工内容	刀具	量具
1			
2			
3			
4			
5			

件 2 加工内容及对应刀具、量具

序号	加工内容	刀具	量具
1			
2			
3			
4			
5			

（4）为保证最终的装配质量，足球杯模型加工过程中应采取什么样的加工顺序?

（5）根据上述分析，填写足球杯模型加工工艺卡。

足球杯模型加工工艺卡

<table>
<tr><td rowspan="2">单位名称</td><td rowspan="2"></td><td colspan="5">产品名称</td><td colspan="2"></td><td colspan="2">图号</td><td></td></tr>
<tr><td colspan="5">零件名称</td><td></td><td>数量</td><td colspan="2"></td><td>第　页</td></tr>
<tr><td>材料种类</td><td></td><td colspan="2">材料牌号</td><td colspan="2"></td><td colspan="2">毛坯尺寸</td><td colspan="3"></td><td>共　页</td></tr>
<tr><td rowspan="2">工序号</td><td rowspan="2">工序内容</td><td rowspan="2">车间</td><td rowspan="2" colspan="2">设备</td><td colspan="5">工具</td><td rowspan="2">计划工时</td><td rowspan="2">实际工时</td></tr>
<tr><td colspan="2">夹具</td><td>量具</td><td colspan="2">刃具</td></tr>
<tr><td></td><td></td><td></td><td colspan="2"></td><td colspan="2"></td><td></td><td colspan="2"></td><td></td><td></td></tr>
<tr><td></td><td></td><td></td><td colspan="2"></td><td colspan="2"></td><td></td><td colspan="2"></td><td></td><td></td></tr>
</table>

续表

工序号	工序内容	车间	设备	工具			计划工时	实际工时
				夹具	量具	刃具		
更改号		拟定	校正		审核		批准	
更改者								
日期								

三、数控加工工艺分析

1. 设计件 1 的加工路线图。

2. 设计件 2 的加工路线图。

3. 想一想，足球杯模型加工的技术难点是什么?

4. 根据足球杯加工内容，完成足球杯模型加工刀具卡。

足球杯模型加工刀具卡

产品名称或代号			零件名称		零件图号	
刀具号	刀具名称		数量	加工内容	刀尖半径（mm）	刀具规格（mm × mm）
编制		审核	批准		第　页	共　页

5. 根据上述分析，制定足球杯模型数控加工工序卡。

足球杯模型数控加工工序卡

单位名称		产品名称或代号		零件名称		零件图号	
工序号	程序编号	夹具名称		使用设备		车间	
工步号	工步内容	刀具号	刀具规格(mm)	主轴转速(r/min)	进给速度(mm/min)	背吃刀量(mm)	备注
编制		审核		批准		共　页	第　页

四、编制程序

1. 根据件 1 加工路线图，确定编程坐标系原点，并求出主要基点坐标值。

2. 根据件 2 加工路线图，确定编程坐标系原点，并求出主要基点坐标值。

3. 填写足球杯模型数控加工程序卡。

足球杯模型数控加工程序卡

<table>
<tr><td rowspan="3">数控加工程序卡</td><td>零件毛坯尺寸</td><td colspan="3"></td><td>编写日期</td><td></td></tr>
<tr><td>零件名称</td><td></td><td>工序号</td><td></td><td>材料</td><td></td></tr>
<tr><td>车床型号</td><td></td><td>夹具名称</td><td></td><td>实训车间</td><td></td></tr>
<tr><td>程序号</td><td colspan="3">程序</td><td colspan="3">注解说明</td></tr>
<tr><td></td><td colspan="3"></td><td colspan="3"></td></tr>
<tr><td></td><td colspan="3"></td><td colspan="3"></td></tr>
<tr><td></td><td colspan="3"></td><td colspan="3"></td></tr>
<tr><td></td><td colspan="3"></td><td colspan="3"></td></tr>
<tr><td></td><td colspan="3"></td><td colspan="3"></td></tr>
<tr><td></td><td colspan="3"></td><td colspan="3"></td></tr>
<tr><td></td><td colspan="3"></td><td colspan="3"></td></tr>
<tr><td></td><td colspan="3"></td><td colspan="3"></td></tr>
<tr><td></td><td colspan="3"></td><td colspan="3"></td></tr>
<tr><td></td><td colspan="3"></td><td colspan="3"></td></tr>
<tr><td></td><td colspan="3"></td><td colspan="3"></td></tr>
<tr><td></td><td colspan="3"></td><td colspan="3"></td></tr>
<tr><td></td><td colspan="3"></td><td colspan="3"></td></tr>
<tr><td></td><td colspan="3"></td><td colspan="3"></td></tr>
<tr><td></td><td colspan="3"></td><td colspan="3"></td></tr>
<tr><td></td><td colspan="3"></td><td colspan="3"></td></tr>
<tr><td></td><td colspan="3"></td><td colspan="3"></td></tr>
<tr><td></td><td colspan="3"></td><td colspan="3"></td></tr>
<tr><td></td><td colspan="3"></td><td colspan="3"></td></tr>
<tr><td></td><td colspan="3"></td><td colspan="3"></td></tr>
<tr><td></td><td colspan="3"></td><td colspan="3"></td></tr>
<tr><td></td><td colspan="3"></td><td colspan="3"></td></tr>
<tr><td></td><td colspan="3"></td><td colspan="3"></td></tr>
<tr><td></td><td colspan="3"></td><td colspan="3"></td></tr>
<tr><td></td><td colspan="3"></td><td colspan="3"></td></tr>
</table>

注：此表不够可复印。

学习活动 2　足球杯模型的数控车加工

学习目标

1. 能根据足球杯模型图样，确定符合加工要求的工、量、夹具及辅件。

2. 能根据足球杯模型毛坯及刀具材料，正确选择切削液。

3. 能正确输入零件的加工程序，应用数控车床的模拟检验功能，检查程序编写中的错误，并对程序进行优化。

4. 能在足球杯模型加工过程中，严格按照数控车床操作规程操作机床。

5. 能根据切削状态调整切削用量，保证正常切削，并适时检测，保证足球杯模型加工精度。

6. 能正确、规范地对足球杯模型进行数控车床加工。

7. 能独立解决加工中出现的程序报警及机床简单故障。

8. 能按车间现场 6S 管理和产品工艺流程的要求，正确、规范地保养机床，进行产品交接并规范填写交接班记录表。

建议学时　30 学时

学习过程

一、加工准备

1. 填写工、量、刃具清单，并领取工、量、刃具。

工、量、刃具清单

序号	名称	规格	数量	备注
1				
2				
3				
4				
5				
6				
7				
8				
9				
10				

2. 领取毛坯料，并测量毛坯外形尺寸，判断毛坯是否有足够的加工余量。记录所领毛坯料的实际尺寸。

3. 根据加工对象及所用刀具，确定本次加工所用切削液。

4. 想一想，自己设计的足球杯模型，对刀具几何角度有何要求？

5. 结合足球杯模型零件加工工艺，考虑并回答以下问题。

（1）圆弧刀具的对刀方法：

（2）圆弧刀具的补偿方法：

（3）圆弧刀具的装夹与刀尖方位：

二、零件加工

1. 按照数控车床安全操作规程检查各项均符合要求后，送电开机。

2. 按正确操作顺序，进行回机床参考点操作。

3. 正确装夹工件，并对其进行找正。

4. 对照刀具卡安装刀具，确保刀具号对应、位置尺寸正确、牢固可靠，并设定主轴转速。

5. 按加工先后次序，采用试切法正确对刀。

6. 程序输入与校验

（1）输入并调试足球杯模型数控车加工程序。

（2）记录程序输入时产生的报警号，并说明产生报警的原因及解决办法。

报警记录

报警号	报警内容	报警原因	解决办法

7. 自动加工

（1）加工中注意观察刀具的切削情况，记录加工中的不合理因素，以便于纠正，提高工作效率（如切削用量、加工路径等是否合理，刀具是否有干涉等）。

足球杯模型加工中遇到的问题

问题	分析原因	预防措施	改进方法

（2）圆弧连接若不光滑，试分析其原因，并找出改进措施。

三、保养机床、清理场地

加工完毕后，按照图样要求进行自检，正确放置零件，并进行产品交接确认；按照国家环保相关规定和车间要求整理现场，清扫切屑，保养机床，并正确处置废油液等废弃物；按车间规定填写交接班记录（附表1）和设备日常保养记录卡（附表2）。

学习活动3　足球杯模型的检验与质量分析

学习目标

1. 能根据足球杯模型图样，合理选择检验工具和量具，确定检测方法。

2. 能根据足球杯模型的测量结果，分析误差产生的原因，提出修改意见。

3. 能正确、规范地使用工、量具，并对其进行合理保养和维护。

4. 能按检验室管理要求，正确放置检验用工、量具。

建议学时　4学时

学习过程

一、检验前准备知识的学习

1. 一般圆锥面、圆弧面配合质量可以通过涂色法进行检验，回顾前面已经学习过的涂色检验方法，就圆弧面配合质量涂色检验说明检验要领和原理。

2. 除了涂色检验方法，圆弧面配合质量还有哪些检验方法？

二、明确测量要素，领取检测用量具

1. 足球杯模型上有哪些要素需要测量?

2. 根据足球杯模型测量要素，写出检测足球杯模型所对应的量具，并填入表中。

检测足球杯模型所对应的量具

序号	量具名称	量具规格（精度）	检测内容	备注
1				
2				
3				
4				
5				
6				
7				

三、检测零件，填写足球杯模型质量检验单

根据图样要求，自检足球杯模型，并填写足球杯模型质量检验单。

足球杯模型质量检验单

零件	项目	序号	内容	检测结果	结论
件 1	外圆	1	$\phi12_{-0.03}^{0}$ mm		
		2	SR（18 ±0.02） mm		
	长度	3	（45 ±0.05） mm		
		4	$14_{-0.06}^{0}$ mm		
	倒角	5	$C1$		
	表面质量	6	Ra 1.6 μm（2 处）		
		7	Ra 3.2 μm（2 处）		

续表

零件	项目	序号	内容	检测结果	结论
件2（根据设计情况填写）		8			
		9			
		10			
		11			
		12			
		13			
		14			
		15			
		16			
		17			
装配后	长度	18	（74 ±0.1）mm		
检测结论					
产生不合格品的情况分析					

四、提出工艺方案修改意见

对不合格项目进行分析、讨论，小组提出修改意见。

不合格项目	产生原因	预防方法
尺寸不正确		
圆弧连接不光滑		
配合不佳		
表面粗糙度差		

学习活动4　工作总结与评价

学习目标

1. 能按照足球杯模型加工综合评价表完成自评。

2. 能按分组情况，分别派代表展示足球杯模型加工成果，说明本次任务的完成情况，并作分析总结。

3. 能结合自身任务完成情况，正确、规范地撰写工作总结（心得体会）。

4. 能就本次任务中出现的问题提出改进措施。

5. 能对学习与工作进行反思总结，并能与他人开展良好合作，进行有效的沟通。

建议学时　4学时

学习过程

一、自我评价

足球杯模型加工综合评价表

工件编号		技术要求	配分	总得分		
项目	序号			评分标准	检测记录	得分
机床操作（20%）	1	正确开启机床，检查	4	不正确、不合理无分		
	2	机床返回参考点	4	不正确、不合理无分		
	3	程序的输入及修改	4	不正确、不合理无分		
	4	程序空运行轨迹检查	4	不正确、不合理无分		
	5	对刀的方式和方法	4	不正确、不合理无分		

续表

工件编号		技术要求		配分	总得分		
项目	序号				评分标准	检测记录	得分
程序与工艺（20%）	6	程序格式规范		7	不合格每处扣3分		
	7	程序正确、完整		7	不合格每处扣3分		
	8	工艺合理		6	不合格每处扣2分		
零件质量（50%）	9	件1	$\phi12_{-0.03}^{0}$ mm	3	超差不得分		
	10		SR（18±0.02）mm	3	超差不得分		
	11		（45±0.05）mm	3	超差不得分		
	12		$14_{-0.06}^{0}$ mm	3	超差不得分		
	13		$C1$	1	不合格不得分		
	14		Ra 1.6 μm（2处）	2	降级不得分		
	15		Ra 3.2 μm（2处）	2	降级不得分		
	16	件2（根据设计情况填写）					
	17						
	18						
	19						
	20						
	21						
	22						
	23						
	24						
	25						
	26	装配后	（74±0.1）mm	3	超差不得分		
安全文明生产（10%）	27	安全操作		5	不按安全操作规程操作全扣		
	28	机床清理		5	不合格全扣		
总　配　分				100			

二、展示评价（小组评价）

把个人制作好的足球杯模型先进行分组展示，再由小组推荐代表作必要的介绍。在展示的过程中，以小组为单位进行评价；评价完成后，根据其他小组成员对本组展示成果的评价意见进行归纳总结。完成如下项目：

（1）展示的足球杯模型符合技术标准吗？

很好□　　一般□　　不准确□

（2）本小组介绍成果表达是否清晰？

很好□　　一般，常补充□　　不清晰□

（3）本小组演示的足球杯模型加工方法操作正确吗？

正确□　　部分正确□　　不正确□

（4）本小组演示操作时遵循了“6S”的工作要求吗？

符合工作要求□　　忽略了部分要求□　　完全没有遵循□

（5）本小组的检测量具、量仪保养完好吗？

良好□　　一般□　　不合要求□

（6）本小组成员的团队创新精神如何？

良好□　　一般□　　不足□

三、教师评价

教师对展示的作品分别作评价。

1. 找出各小组的优点进行点评。

2. 对展示过程中各小组的缺点进行点评，提出改进方法。

3. 对整个任务完成中出现的亮点和不足进行点评。

四、总结提升

1. 根据足球杯模型加工质量及完成情况，分析足球杯模型编程与加工中的不合理处及其原因并提出改进意见，填入表中。

足球杯模型加工不合理处及改进意见

序号	工作内容	不合理处	不合理的原因	改进意见
1	零件工艺处理与编程			
2	零件数控车加工			

续表

序号	工作内容	不合理处	不合理的原因	改进意见
3	零件质量			

2. 结合自身任务完成情况，通过交流讨论等方式较全面、规范地撰写本次任务的工作总结。

工作总结（心得体会）

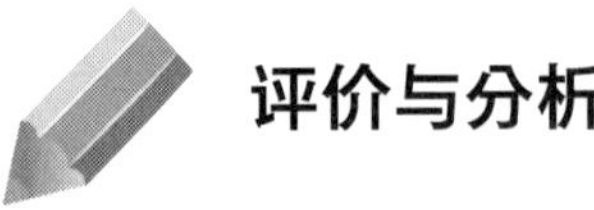

评价与分析

学习任务四评价表

班级：______________ 学生姓名：______________ 学号：______________

项目	自我评价			小组评价			教师评价		
	10～9	8～6	5～1	10～9	8～6	5～1	10～9	8～6	5～1
	占总评 10%			占总评 30%			占总评 60%		
学习活动 1									
学习活动 2									
学习活动 3									
学习活动 4									
表达能力									
协作精神									
纪律观念									
工作态度									
操作规范性									
任务总体表现									
小计分									
总评分									

任课教师：______________ 年 月 日

学习任务五 “蛋”模型的数控车加工

学习目标

1. 能阅读生产任务单，明确工作任务，制定合理的工作计划。

2. 能对“蛋”模型图样进行正确的分析。

3. 能正确、规范地填写“蛋”模型加工工艺卡。

4. 能合理制定“蛋”模型的数控加工工艺路线，填写数控加工工序卡。

5. 能完成“蛋”模型数控加工程序的编制。

6. 能正确、规范地对“蛋”模型进行数控车床加工。

7. 能按车间现场6S管理和产品工艺流程的要求，正确、规范地保养机床，进行产品交接并规范填写交接班记录表。

8. 能对“蛋”模型进行正确的测量，评估与判断零件质量是否合格，并提出改进措施。

9. 能主动获取有效信息，展示工作成果，对学习与工作进行反思总结，并能与他人开展良好合作，进行有效的沟通。

建议学时

80学时

工作情境描述

为展示数控机床加工非圆曲线的优越性，提升学生学习数控的兴趣，某校招生办公室委托我单位设计一批新颖的“蛋”模型，要求组件配合完成，款式3~4款，外形尺寸

ϕ50 mm×100 mm 以内，工期 20 天。生产主管部门将该生产任务交予我数控车工组完成。

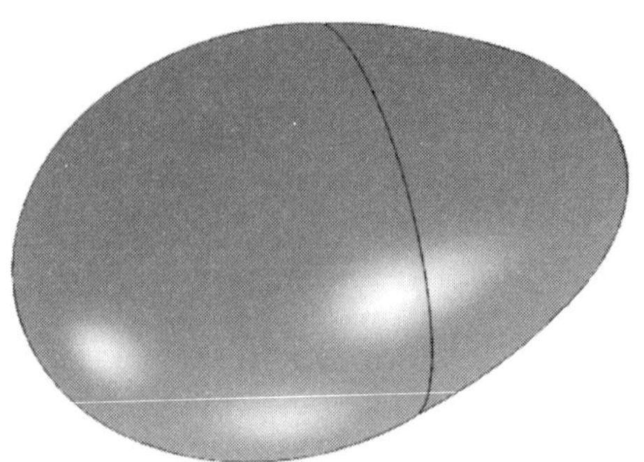

“蛋”模型

工作流程与活动

1. “蛋”模型加工工艺分析与编程（22 学时）
2. “蛋”模型的数控车加工（50 学时）
3. “蛋”模型的检验与质量分析（4 学时）
4. 工作总结与评价（4 学时）

学习活动1 “蛋”模型加工工艺分析与编程

学习目标

1. 能阅读生产任务单，明确工作任务，制定合理的工作计划。
2. 能正确表述“蛋”模型外形的特点。
3. 能正确描述螺纹和端面槽配合的特点。
4. 能正确描述常见槽的适用场合及作用。
5. 能对“蛋”模型图样进行正确的分析。
6. 能正确、规范地填写“蛋”模型加工工艺卡。
7. 能根据加工工艺、“蛋”模型材料和形状特征等选择刀具，并确定切削用量。
8. 能合理制定“蛋”模型的数控加工工艺路线，填写数控加工工序卡。
9. 能完成“蛋”模型数控加工程序的编制。

建议学时 22学时

学习过程

一、阅读生产任务单

“蛋”模型生产任务单

单位名称				完成时间	年 月 日
序号	产品名称	材料	生产数量	技术标准、质量要求	
1	“蛋”模型	45钢	30	按图样要求	
2					
3					

续表

序号	产品名称	材料	生产数量	技术标准、质量要求		
生产批准时间		年　月　日	批准人			
通知任务时间		年　月　日	发单人			
接单时间		年　月　日	接单人		生产班组	数控车工组

1. 描述“蛋”外形的特点。

“蛋”形物品

2. 本生产任务工期为 20 天，请依据任务要求，制定合理的工作进度计划，并根据小组成员的特点进行分工。

序号	工作内容	时间	成员	负责人
1	工艺分析			
2	编制程序			
3	数控车加工			
4	成品检验与质量分析			

二、根据“蛋”模型图样，制定加工工艺卡

1. 识读“蛋”模型图样

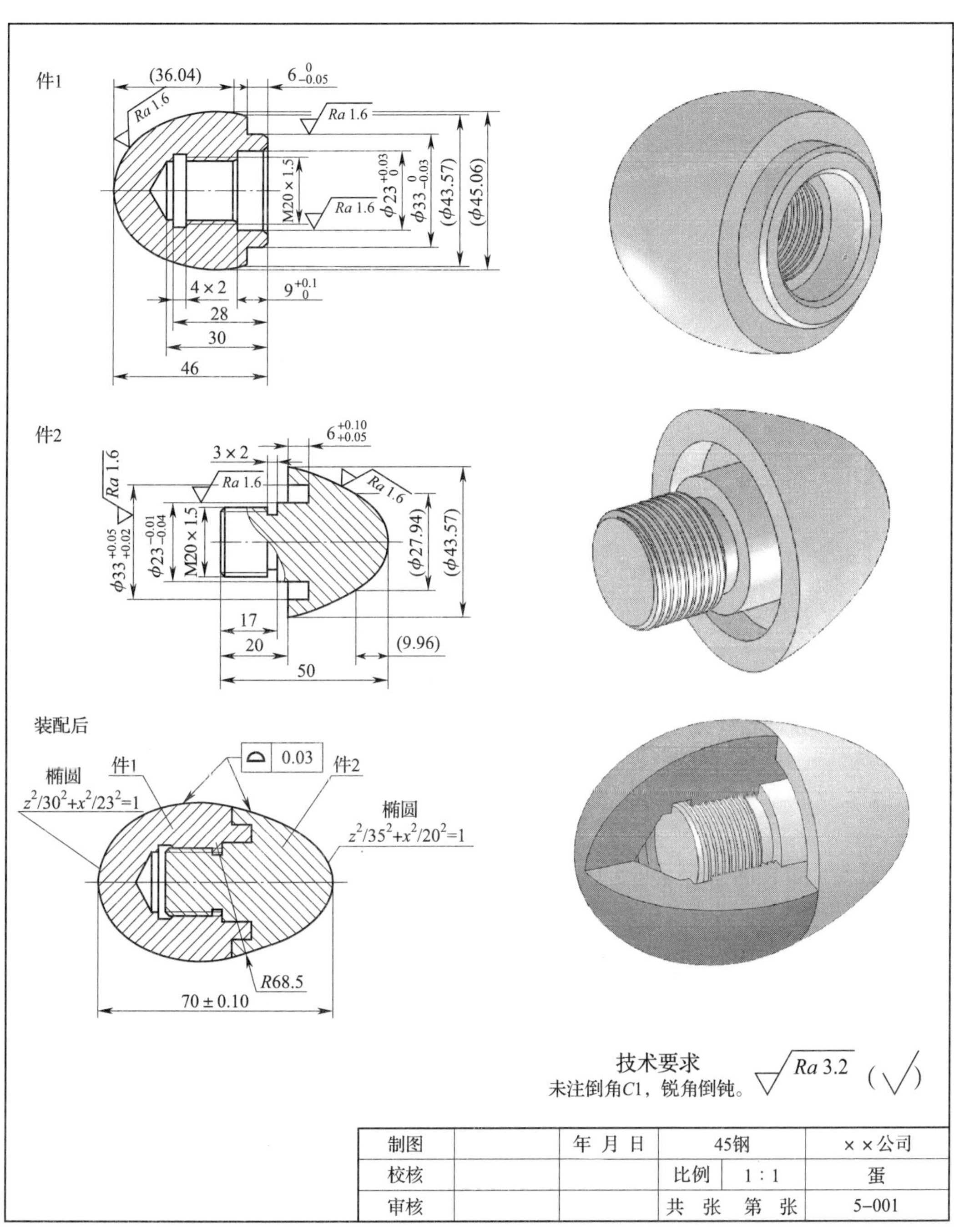

“蛋”模型图样（参考）

（1）件 1 加工内容有哪些？加工关键部位有哪些？

（2）件 2 加工内容有哪些？加工关键部位有哪些？

（3）应如何保证装配图中（70 ±0. 10）mm 装配尺寸？

（4）“蛋”模型是由两件装配而成，采用螺纹和端面槽配合形式，该类配合有什么特点？

（5）下面 4 种沟槽都出现在什么场合，有什么作用？

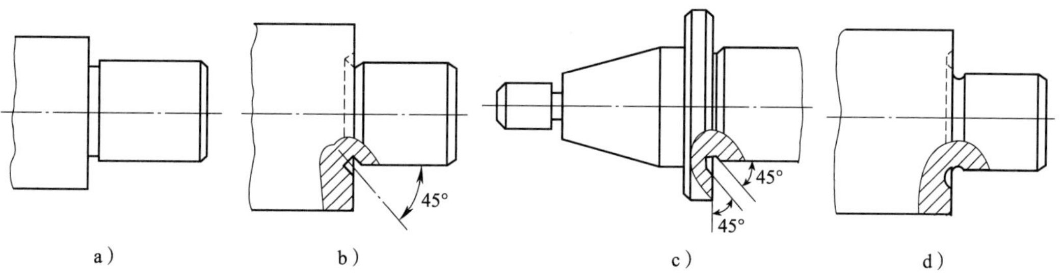

常见的各种沟槽

a）外圆沟槽　b）45°外沟槽　c）外圆端面沟槽　d）圆弧沟槽

（6）在生产中，常见的端面槽有 T 形槽、燕尾槽、平面槽，请结合下图，说明以下各类槽的适用场合及作用。

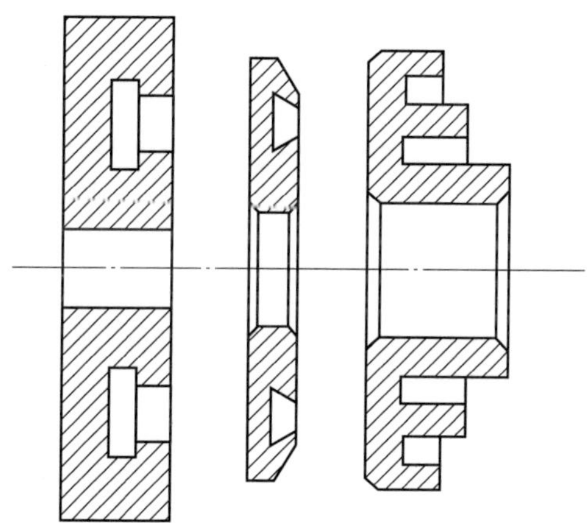

端面复杂沟槽

a）T 形槽　b）燕尾槽　c）平面槽

（7）你可以选择按上面给出的“蛋”模型参考图样完成本次任务，也可以自行设计“蛋”模型。构思你的“蛋”模型形状，在下面绘制出草图，然后用计算机绘图软件绘制出完整的零件图和装配图并输出打印。

2. 制定“蛋”模型加工工艺卡

（1）根据件 1 和件 2 的加工内容，选择加工设备。

（2）根据加工内容，确定件 1、件 2 加工用夹具。

（3）根据件 1、件 2 加工内容，确定对应的加工刀具、量具，并填在表中。

件 1 加工内容及对应刀具、量具

序号	加工内容	刀具	量具
1			
2			
3			
4			
5			

件 2 加工内容及对应刀具、量具

序号	加工内容	刀具	量具
1			
2			
3			
4			
5			

（4）为保证最终的装配质量，“蛋”模型零件加工过程中应采取什么样的加工顺序?

（5）根据上述分析，填写“蛋”模型加工工艺卡。

“蛋”模型加工工艺卡

<table>
<tr><td rowspan="2">单位名称</td><td rowspan="2"></td><td colspan="3">产品名称</td><td colspan="2"></td><td>图号</td><td></td></tr>
<tr><td colspan="3">零件名称</td><td></td><td>数量</td><td></td><td>第　页</td></tr>
<tr><td>材料种类</td><td></td><td>材料牌号</td><td></td><td colspan="2">毛坯尺寸</td><td colspan="2"></td><td>共　页</td></tr>
<tr><td rowspan="2">工序号</td><td rowspan="2">工序内容</td><td rowspan="2">车间</td><td rowspan="2">设备</td><td colspan="3">工具</td><td rowspan="2">计划工时</td><td rowspan="2">实际工时</td></tr>
<tr><td>夹具</td><td>量具</td><td>刃具</td></tr>
<tr><td></td><td></td><td></td><td></td><td></td><td></td><td></td><td></td><td></td></tr>
<tr><td></td><td></td><td></td><td></td><td></td><td></td><td></td><td></td><td></td></tr>
<tr><td></td><td></td><td></td><td></td><td></td><td></td><td></td><td></td><td></td></tr>
<tr><td></td><td></td><td></td><td></td><td></td><td></td><td></td><td></td><td></td></tr>
<tr><td></td><td></td><td></td><td></td><td></td><td></td><td></td><td></td><td></td></tr>
<tr><td></td><td></td><td></td><td></td><td></td><td></td><td></td><td></td><td></td></tr>
<tr><td></td><td></td><td></td><td></td><td></td><td></td><td></td><td></td><td></td></tr>
<tr><td>更改号</td><td></td><td>拟定</td><td colspan="2">校正</td><td colspan="2">审核</td><td colspan="2">批准</td></tr>
<tr><td>更改者</td><td></td><td></td><td colspan="2"></td><td colspan="2"></td><td colspan="2"></td></tr>
<tr><td>日期</td><td></td><td></td><td colspan="2"></td><td colspan="2"></td><td colspan="2"></td></tr>
</table>

三、数控加工工艺分析

1. 设计件 1 的加工路线图。

2. 设计件 2 的加工路线图。

3. 想一想，“蛋”模型加工的技术难点是什么?

4. 怎样保证件 1 和件 2 装配后无间隙?

5. 根据“蛋”模型加工内容，完成“蛋”模型加工刀具卡。

“蛋”模型加工刀具卡

<table>
<tr><td colspan="2">产品名称或代号</td><td colspan="2"></td><td>零件名称</td><td></td><td>零件图号</td><td></td></tr>
<tr><td>刀具号</td><td colspan="3">刀具名称</td><td>数量</td><td>加工内容</td><td>刀尖半径
(mm)</td><td>刀具规格
(mm × mm)</td></tr>
<tr><td></td><td colspan="3"></td><td></td><td></td><td></td><td></td></tr>
<tr><td></td><td colspan="3"></td><td></td><td></td><td></td><td></td></tr>
<tr><td></td><td colspan="3"></td><td></td><td></td><td></td><td></td></tr>
<tr><td></td><td colspan="3"></td><td></td><td></td><td></td><td></td></tr>
<tr><td></td><td colspan="3"></td><td></td><td></td><td></td><td></td></tr>
<tr><td></td><td colspan="3"></td><td></td><td></td><td></td><td></td></tr>
<tr><td>编制</td><td></td><td>审核</td><td></td><td>批准</td><td></td><td>第 页</td><td>共 页</td></tr>
</table>

6. 根据上述分析，制定“蛋”模型数控加工工序卡。

“蛋”模型数控加工工序卡

单位名称		产品名称或代号		零件名称		零件图号	
工序号	程序编号	夹具名称		使用设备		车间	
工步号	工步内容	刀具号	刀具规格(mm)	主轴转速(r/min)	进给速度(mm/min)	背吃刀量(mm)	备注
编制		审核		批准		共　页	第　页

四、编制程序

1. 对于非圆曲面的加工，如果不用宏程序的话，要逐点算出曲线上的点，然后用小直线段逼近，那么需要计算的点很多。应用了宏程序后，就可以大大简化编程工作量。写出宏程序的分类及各自适用场合和特点。

2. 填写椭圆函数及其性质。

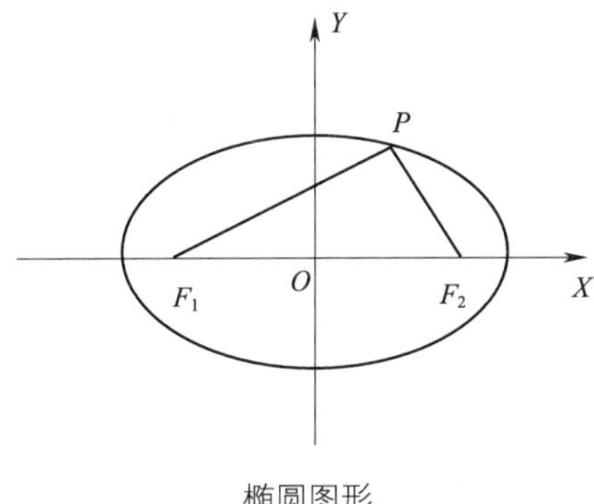

椭圆图形

（1）椭圆函数解析式：

（2）各常数值对函数图形的影响：

（3）将上述函数解析式变化成数控车 *XZ* 平面坐标解析式。

3. 编制件 1 椭圆加工宏程序。

4. 编制件 2 椭圆加工宏程序。

5. 填写“蛋”模型的数控加工程序卡。

“蛋”模型数控加工程序卡

<table>
<tr><td rowspan="3">数控加工程序卡</td><td>零件毛坯尺寸</td><td colspan="3"></td><td>编写日期</td><td></td></tr>
<tr><td>零件名称</td><td></td><td>工序号</td><td></td><td>材料</td><td></td></tr>
<tr><td>车床型号</td><td></td><td>夹具名称</td><td></td><td>实训车间</td><td></td></tr>
<tr><td>程序号</td><td colspan="3">程序</td><td colspan="3">注解说明</td></tr>
<tr><td></td><td colspan="3"></td><td colspan="3"></td></tr>
<tr><td></td><td colspan="3"></td><td colspan="3"></td></tr>
<tr><td></td><td colspan="3"></td><td colspan="3"></td></tr>
<tr><td></td><td colspan="3"></td><td colspan="3"></td></tr>
<tr><td></td><td colspan="3"></td><td colspan="3"></td></tr>
<tr><td></td><td colspan="3"></td><td colspan="3"></td></tr>
<tr><td></td><td colspan="3"></td><td colspan="3"></td></tr>
<tr><td></td><td colspan="3"></td><td colspan="3"></td></tr>
<tr><td></td><td colspan="3"></td><td colspan="3"></td></tr>
<tr><td></td><td colspan="3"></td><td colspan="3"></td></tr>
<tr><td></td><td colspan="3"></td><td colspan="3"></td></tr>
<tr><td></td><td colspan="3"></td><td colspan="3"></td></tr>
<tr><td></td><td colspan="3"></td><td colspan="3"></td></tr>
<tr><td></td><td colspan="3"></td><td colspan="3"></td></tr>
<tr><td></td><td colspan="3"></td><td colspan="3"></td></tr>
<tr><td></td><td colspan="3"></td><td colspan="3"></td></tr>
</table>

续表

程序号	程序	注解说明

注：此表不够可复印。

学习活动2 “蛋”模型的数控车加工

学习目标

1. 能根据“蛋”模型图样，确定符合加工要求的工、量、夹具及辅件。

2. 能根据“蛋”模型毛坯及刀具材料，正确选择切削液。

3. 能正确输入零件的加工程序，应用数控车床的模拟检验功能，检查程序编写中的错误，并对程序进行优化。

4. 能在“蛋”模型加工过程中，严格按照数控车床操作规程操作机床。

5. 能根据切削状态调整切削用量，保证正常切削，并适时检测，保证“蛋”模型加工精度。

6. 能正确、规范地对“蛋”模型进行数控车床加工。

7. 能独立解决加工中出现的程序报警及机床简单故障。

8. 能按车间现场6S管理和产品工艺流程的要求，正确、规范地保养机床，进行产品交接并规范填写交接班记录表。

建议学时 50学时

学习过程

一、加工准备

1. 填写工、量、刃具清单，并领取工、量、刃具。

工、量、刃具清单

序号	名称	规格	数量	备注
1				
2				
3				
4				
5				
6				
7				
8				
9				
10				

2. 领取毛坯料，并测量毛坯外形尺寸，判断毛坯是否有足够的加工余量。记录所领毛坯料的实际尺寸。

3. 根据加工对象及所用刀具，确定本次加工所用切削液。

4. 在端面上切直槽时，切槽刀的一个刀尖相当于车削内孔，另一个刀尖相当于车外圆，那么在刃磨刀具和车削加工时需要注意什么问题?

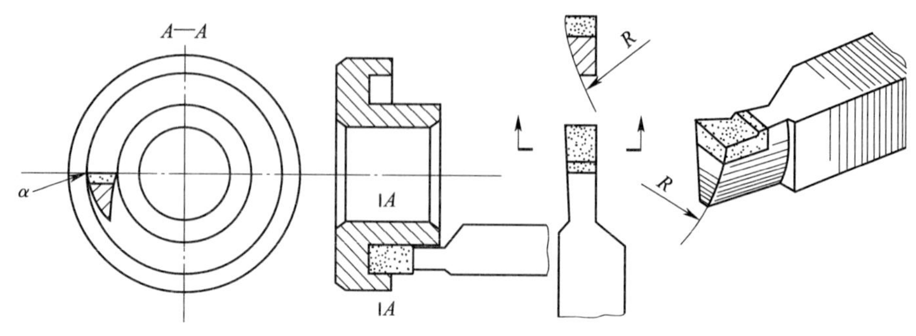

端面切槽刀的几何形状

二、零件加工

1. 按照数控车床安全操作规程检查各项均符合要求后，送电开机。

2. 按正确操作顺序，进行回机床参考点操作。

3. 正确装夹工件，并对其进行找正。

4. 对照刀具卡安装刀具，确保刀具号对应、位置尺寸正确、牢固可靠，并设定主轴转速。

5. 按加工先后次序，采用试切法正确对刀。

6. 程序输入与校验

(1) 输入并调试“蛋”模型数控车加工程序。

(2) 记录程序输入时产生的报警号，并说明产生报警的原因及解决办法。

报警记录

报警号	报警内容	报警原因	解决办法

7. 自动加工

加工中注意观察刀具的切削情况，记录加工中的不合理因素，以便于纠正，提高工作效率（如切削用量、加工路径等是否合理，刀具是否有干涉等）。

“蛋”模型加工中遇到的问题

问题	分析原因	预防措施	改进方法

三、保养机床、清理场地

加工完毕后，按照图样要求进行自检，正确放置零件，并进行产品交接确认；按照国家环保相关规定和车间要求整理现场，清扫切屑，保养机床，并正确处置废油液等废弃物；按车间规定填写交接班记录（附表 1）和设备日常保养记录卡（附表 2）。

学习活动3 “蛋”模型的检验与质量分析

学习目标

1. 能根据“蛋”模型图样，合理选择检验工具和量具，确定检测方法。

2. 能根据“蛋”模型的测量结果，分析误差产生的原因，提出修改意见。

3. 能正确、规范地使用工、量具，并对其进行合理保养和维护。

4. 能按检验室管理要求，正确放置检验用工、量具。

建议学时 4学时

学习过程

一、明确测量要素，领取检测用量具

1. “蛋”模型中有哪些要素需要测量?

2. 根据“蛋”模型测量要素，写出检测“蛋”模型所对应的量具，并填入表中。

检测“蛋”模型所对应的量具

序号	量具名称	量具规格（精度）	检测内容	备注
1				
2				
3				
4				
5				
6				
7				

二、检测零件，填写“蛋”模型质量检验单

根据图样要求，自检“蛋”模型，并完成“蛋”模型质量检验单。

“蛋”模型质量检验单

零件	项目	序号	内容	检测结果	结论
件1	外圆	1	$\phi 33_{-0.03}^{0}$ mm		
		2	$\phi 43.57$ mm		
		3	$\phi 45.06$ mm		
	内孔	4	$\phi 23_{0}^{+0.03}$ mm		
	长度	5	$6_{-0.05}^{0}$ mm		
		6	$9_{0}^{+0.1}$ mm		
		7	28 mm、30 mm、45 mm、36.04 mm		
	螺纹	8	M20×1.5		
	椭圆	9	$z^2/30^2+x^2/23^2=1$		
	槽	10	4 mm×2 mm		
	倒角	11	*C*1（3 处）		
	表面质量	12	*Ra* 1.6 μm（3 处）		
		13	*Ra* 3.2 μm（3 处）		

续表

零件	项目	序号	内容	检测结果	结论
件 2	外圆	14	$\phi23^{-0.01}_{-0.04}$ mm		
		15	ϕ27.94 mm、ϕ43.57 mm、R68.5 mm		
	长度	16	17 mm、20 mm、50 mm、9.96 mm		
		17	$6^{+0.10}_{+0.05}$ mm		
	内孔	18	$\phi33^{+0.05}_{+0.02}$ mm		
	螺纹	19	M20×1.5		
	槽	20	3 mm×2 mm		
	椭圆	21	$z^2/35^2+x^2/20^2=1$		
	倒角	22	$C1$		
		23	Ra 1.6 μm（3 处）		
	表面质量	24	Ra 3.2 μm（2 处）		
装配后	长度	25	（70±0.10）mm		
	几何公差	26	⌓ 0.03		
检测结论					
产生不合格品的情况分析					

三、提出工艺方案修改意见

对不合格项目进行分析、讨论，小组提出修改意见。

不合格项目	产生原因	预防方法
尺寸不对		
圆弧连接不光滑		

续表

不合格项目	产生原因	预防方法
椭圆表面质量差		
装配后面 轮廓度超差		
配合尺寸不正确		

学习活动 4 工作总结与评价

学习目标

1. 能按照“蛋”模型加工综合评价表完成自评。

2. 能按分组情况，分别派代表展示“蛋”模型加工成果，说明本次任务的完成情况，并作分析总结。

3. 能结合自身任务完成情况，正确、规范地撰写工作总结（心得体会）。

4. 能就本次任务中出现的问题提出改进措施。

5. 能对学习与工作进行反思总结，并能与他人开展良好合作，进行有效的沟通。

建议学时 4 学时

学习过程

一、自我评价

“蛋”模型加工综合评价表

工件编号		技术要求	配分	总得分		
项目	序号			评分标准	检测记录	得分
机床操作（20%）	1	正确开启机床，检查	4	不正确、不合理无分		
	2	机床返回参考点	4	不正确、不合理无分		
	3	程序的输入及修改	4	不正确、不合理无分		
	4	程序空运行轨迹检查	4	不正确、不合理无分		
	5	对刀的方式和方法	4	不正确、不合理无分		

续表

工件编号		技术要求		配分	总得分		
项目	序号				评分标准	检测记录	得分
程序与工艺（20%）	6	程序格式规范		7	不合格每处扣 3 分		
	7	程序正确、完整		7	不合格每处扣 3 分		
	8	工艺合理		6	不合格每处扣 2 分		
零件质量（50%）	9	件 1	$\phi 33^{\ 0}_{-0.03}$ mm	3	超差不得分		
	10		$\phi 43.57$ mm	1	超差不得分		
	11		$\phi 45.06$ mm	1	超差不得分		
	12		$\phi 23^{+0.03}_{\ 0}$ mm	2	超差不得分		
	13		$6^{\ 0}_{-0.05}$ mm	1	超差不得分		
	14		$9^{+0.1}_{\ 0}$ mm	1	超差不得分		
	15		28 mm、30 mm、46 mm、36.04 mm	2	超差不得分		
	16		M20 × 1.5	2	不合格不得分		
	17		$z^2/30^2+x^2/23^2=1$	3	不合格不得分		
	18		4 mm × 2 mm	2	超差不得分		
	19		$C1$（3 处）	1.5	不合格不得分		
	20		Ra 1.6 μm（3 处）	1.5	降级不得分		
	21		Ra 3.2 μm（3 处）	1.5	降级不得分		
	22	件 2	$\phi 23^{-0.01}_{-0.04}$ mm	1	超差不得分		
	23		$\phi 27.94$ mm、$\phi 43.57$ mm、$R68.5$ mm	3	超差不得分		
	24		17 mm、20 mm、50 mm、9.96 mm	2	超差不得分		
	25		$6^{+0.10}_{+0.05}$ mm	2	超差不得分		
	26		$\phi 33^{+0.05}_{+0.02}$ mm	2	超差不得分		
	27		M20 × 1.5	2	不合格不得分		
	28		3 mm × 2 mm	2	超差不得分		
	29		$z^2/35^2+x^2/20^2=1$	3	不合格不得分		
	30		$C1$	1	不合格不得分		

续表

工件编号		技术要求		配分	总得分		
项目	序号				评分标准	检测记录	得分
零件质量（50%）	31	件2	*Ra* 1.6 μm（3处）	1.5	降级不得分		
	32		*Ra* 3.2 μm（2处）	1	降级不得分		
	33	装配后	（70 ±0.10）mm	3	超差不得分		
	34		⌓ 0.03	4	超差不得分		
安全文明生产（10%）	35	安全操作		5	不按安全操作规程操作全扣		
	36	机床清理		5	不合格全扣		
总配分				100			

二、展示评价（小组评价）

把个人制作好的“蛋”模型先进行分组展示，再由小组推荐代表作必要的介绍。在展示的过程中，以小组为单位进行评价；评价完成后，根据其他小组成员对本组展示成果的评价意见进行归纳总结。完成如下项目：

（1）展示的“蛋”模型符合技术标准吗？

很好□　　一般□　　不准确□

（2）本小组介绍成果表达是否清晰？

很好□　　一般，常补充□　　不清晰□

（3）本小组演示的“蛋”模型加工方法操作正确吗？

正确□　　部分正确□　　不正确□

（4）本小组演示操作时遵循了“6S”的工作要求吗？

符合工作要求□　　忽略了部分要求□　　完全没有遵循□

（5）本小组的检测量具、量仪保养完好吗？

良好□　　一般□　　不合要求□

（6）本小组成员的团队创新精神如何？

良好□　　一般□　　不足□

三、教师评价

教师对展示的作品分别作评价。

1. 找出各小组的优点进行点评。

2. 对展示过程中各小组的缺点进行点评，提出改进方法。

3. 对整个任务完成中出现的亮点和不足进行点评。

四、总结提升

1. 根据“蛋”模型加工质量及完成情况，分析“蛋”模型编程与加工中的不合理处及其原因并提出改进意见，填入表中。

“蛋”模型加工不合理处及改进意见

序号	工作内容	不合理处	不合理的原因	改进意见
1	零件工艺 处理与编程			
2	零件数控车加工			
3	零件质量			

2. 结合自身任务完成情况，通过交流讨论等方式较全面、规范地撰写本次任务的工作总结。

工作总结（心得体会）

评价与分析

学习任务五评价表

班级：__________ 姓名：__________ 学号：__________

项目	自我评价			小组评价			教师评价		
	10 ~ 9	8 ~ 6	5 ~ 1	10 ~ 9	8 ~ 6	5 ~ 1	10 ~ 9	8 ~ 6	5 ~ 1
	占总评 10%			占总评 30%			占总评 60%		
学习活动 1									
学习活动 2									
学习活动 3									
学习活动 4									
表达能力									
协作精神									
纪律观念									
工作态度									
操作规范性									
任务总体表现									
小计分									
总评分									

任课教师：________ 年 月 日

学习任务六　球杯模型的数控车加工

1. 能阅读生产任务单，明确工作任务，制定合理的工作计划。

2. 能对球杯模型图样进行正确的分析。

3. 能正确、规范地填写球杯模型加工工艺卡。

4. 能合理制定球杯模型的数控加工工艺路线，填写数控加工工序卡。

5. 能完成球杯模型数控加工程序的编制。

6. 能正确、规范地对球杯模型进行数控车床加工。

7. 能按车间现场6S管理和产品工艺流程的要求，正确、规范地保养机床，进行产品交接并规范填写交接班记录表。

8. 能对球杯模型进行正确的测量，评估与判断零件质量是否合格，并提出改进措施。

9. 能主动获取有效信息，展示工作成果，对学习与工作进行反思总结，并能与他人开展良好合作，进行有效的沟通。

80学时

某装饰公司在家庭装饰中经常用到铝件制作的精美小饰品，为吸引顾客，要制作一批

球杯饰品用作橱窗展览，现委托我单位加工，产品加工数量30件，交货期为20天。生产主管部门将该生产任务交予我数控车工组完成。

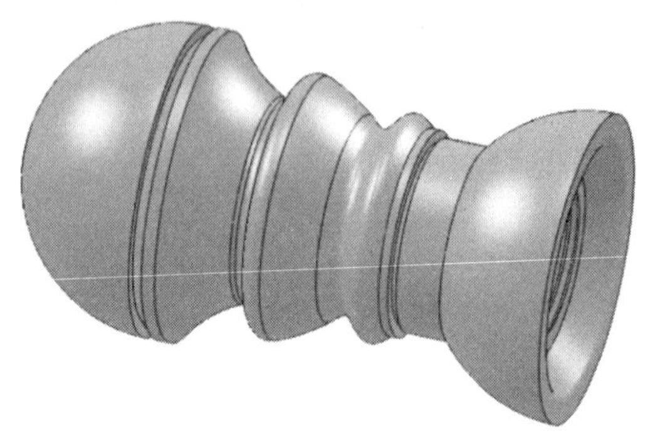

球杯模型

工作流程与活动

1. 球杯模型加工工艺分析与编程（22学时）
2. 球杯模型的数控车加工（50学时）
3. 球杯模型的检验与质量分析（4学时）
4. 工作总结与评价（4学时）

学习活动1　球杯模型加工工艺分析与编程

学习目标

1. 能阅读生产任务单，明确工作任务，制定合理的工作计划。

2. 能对球杯模型图样进行正确的分析。

3. 能正确、规范地填写球杯模型加工工艺卡。

4. 能根据加工工艺、球杯模型材料和形状特征等选择刀具，并确定切削用量。

5. 能合理制定球杯模型的数控加工工艺路线，填写数控加工工序卡。

6. 能完成球杯模型数控车加工程序的编制。

建议学时　22学时

学习过程

一、阅读生产任务单

球杯模型生产任务单

单位名称			完成时间	年　月　日
序号	产品名称	材料	生产数量	技术标准、质量要求
1	球杯托柄	2A12	30	按图样要求
2	球杯底座	2A12	30	按图样要求
3	球杯头冠	2A12	30	按图样要求

续表

序号	产品名称	材料	生产数量	技术标准、质量要求	
生产批准时间	年 月 日	批准人			
通知任务时间	年 月 日	发单人			
接单时间	年 月 日	接单人		生产班组	数控车工组

1. 收集用数控车床加工制作的具有较强观赏性的5个零件的图片，保存在计算机中，记录你收集的各零件的外形特征及常用材料。

1）外形特征：

2）常用材料：

2. 本生产任务工期为20天，请依据任务要求，制定合理的工作计划，并根据小组成员的特点进行分工。

序号	工作内容	时间	成员	负责人
1	工艺分析			
2	程序编制			
3	数控车加工			
4	成品检验与质量分析			

二、根据球杯模型图样，制定加工工艺卡

1. 识读球杯模型图样

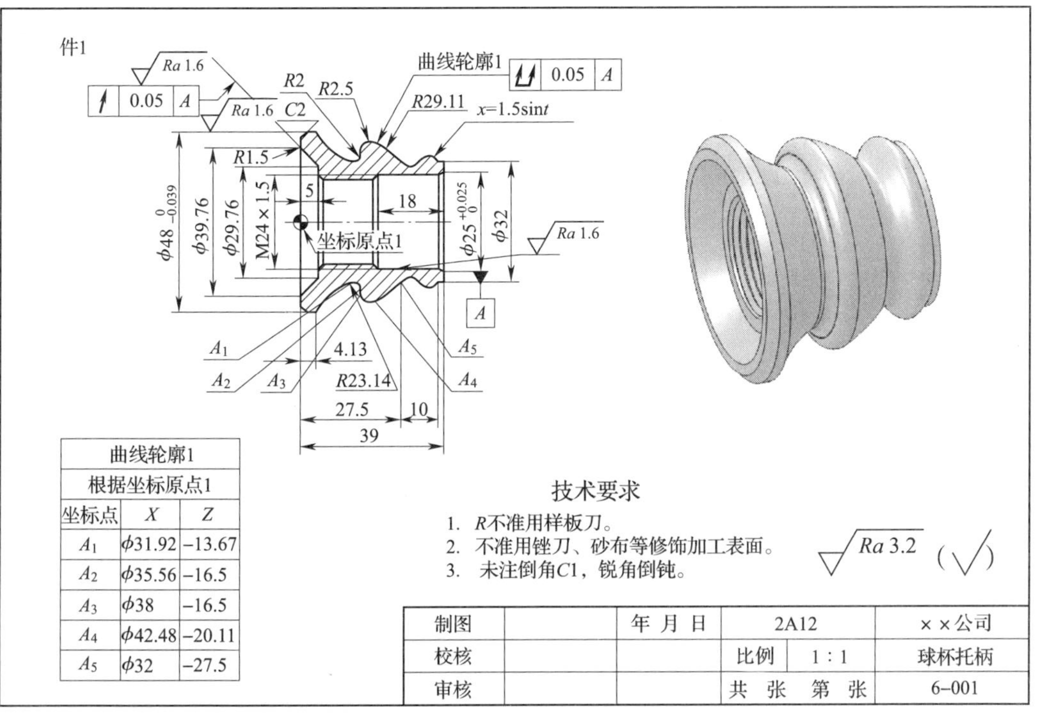

曲线轮廓1		
根据坐标原点1		
坐标点	X	Z
A_1	φ31.92	−13.67
A_2	φ35.56	−16.5
A_3	φ38	−16.5
A_4	φ42.48	−20.11
A_5	φ32	−27.5

制图		年 月 日	2A12		× × 公司
校核			比例	1 : 1	球杯托柄
审核			共 张 第 张		6–001

件 1 球杯托柄零件图

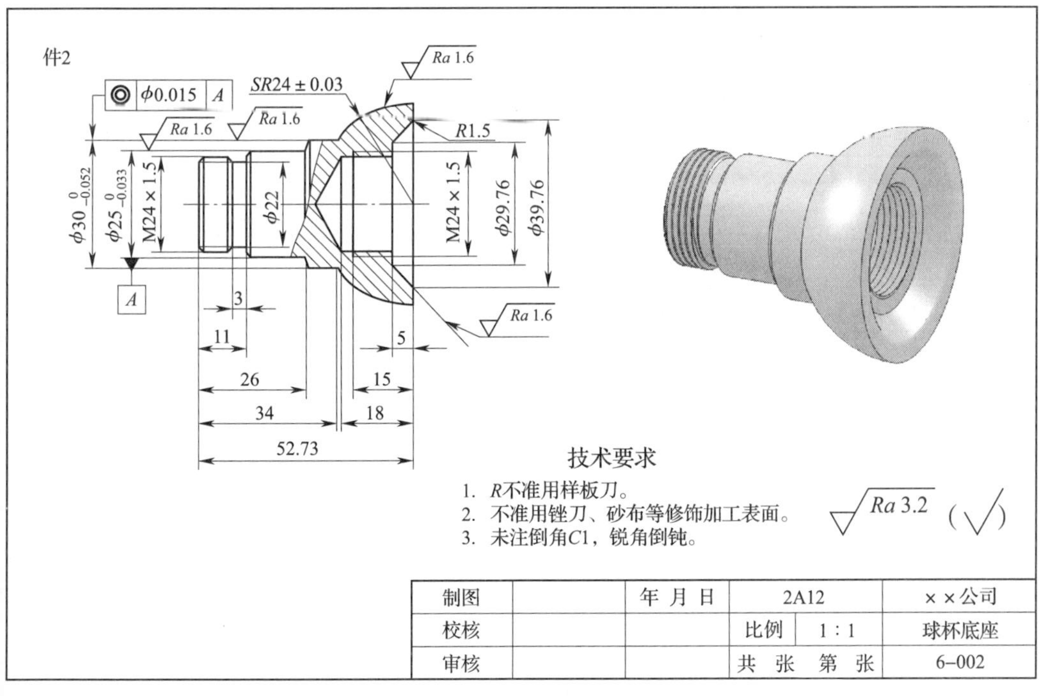

制图		年 月 日	2A12		× × 公司
校核			比例	1 : 1	球杯底座
审核			共 张 第 张		6–002

件 2 球杯底座零件图

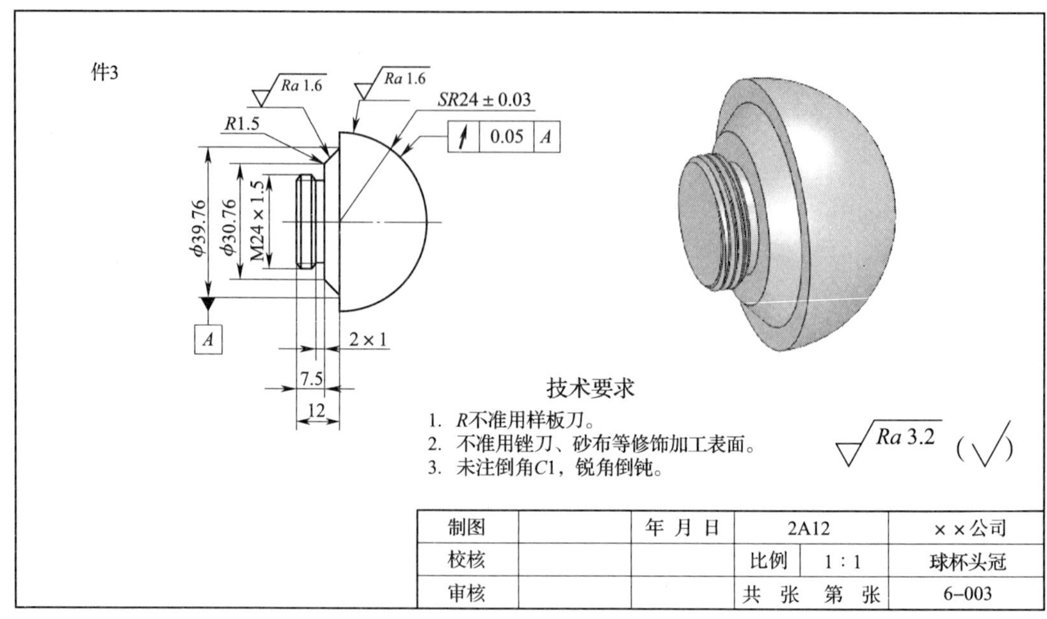

件 3 球杯头冠零件图

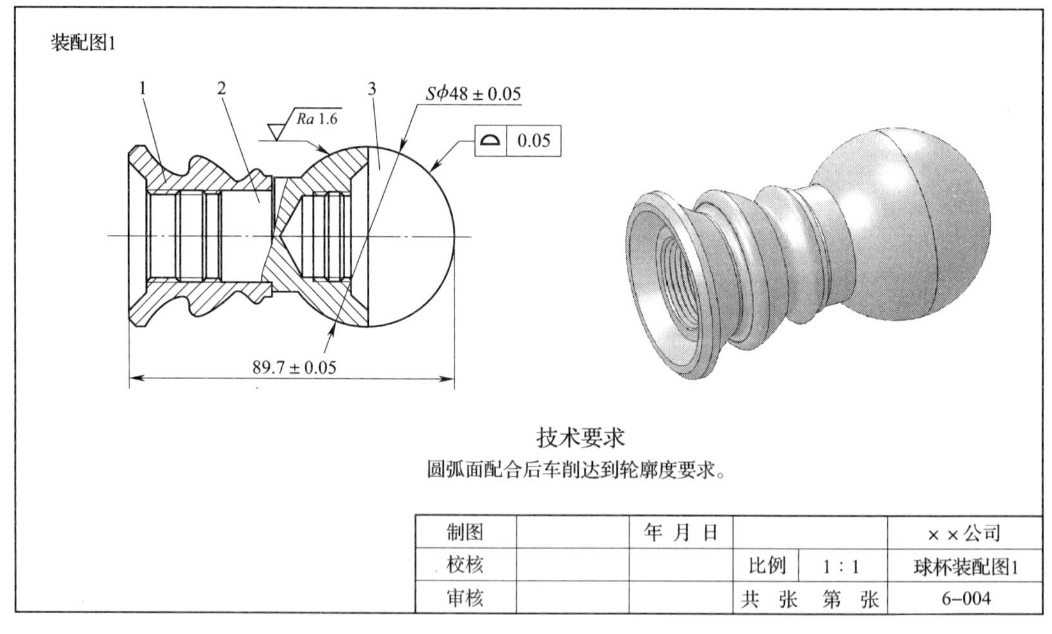

球杯装配图 1

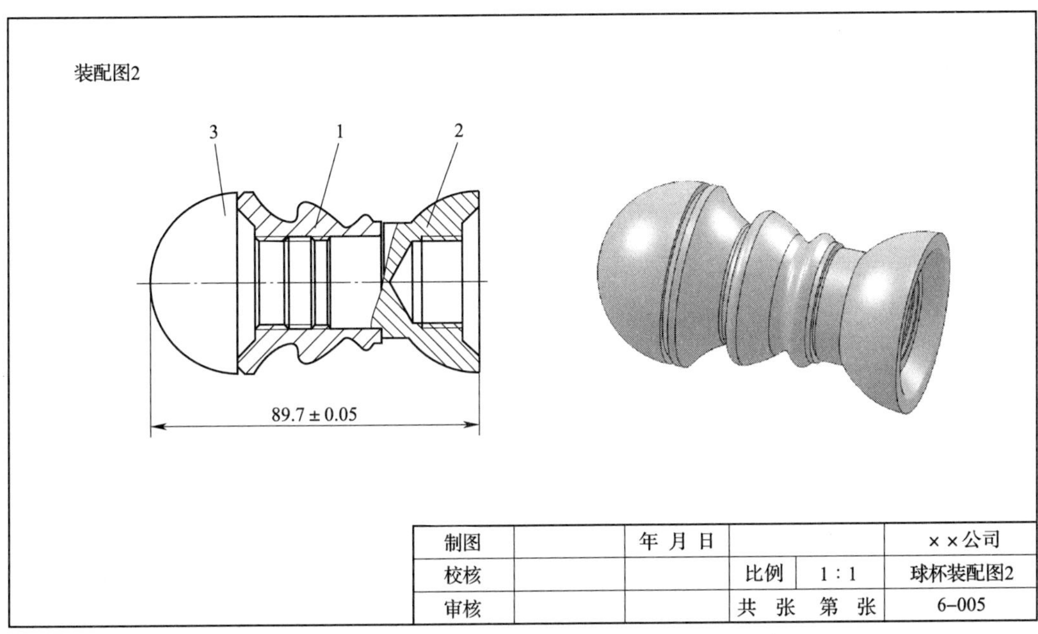

球杯装配图 2

（1）写出球杯托柄零件图中以下几何公差的含义。

↗	0.05	A

⌰	0.05	A

（2）写出球杯底座零件图中以下几何公差的含义。

◎	ϕ0.015	A

（3）写出球杯头冠零件图中以下几何公差的含义。

↗	0.05	A

（4）写出球杯装配图 1 中以下几何公差的含义。

⌓	0.05

（5）件 1 中 $\phi25^{+0.025}_{0}$ mm 内孔与件 2 中 $\phi25^{0}_{-0.033}$ mm 外圆配合，请画出公差配合带图。

0

上述配合是________配合。

2. 制定球杯模型加工工艺卡

（1）根据件 1、件 2 和件 3 的加工内容，选择加工设备。

（2）根据加工内容，确定件 1、件 2、件 3 加工用夹具。

（3）根据件 1、件 2、件 3 加工内容，确定对应的加工刀具、量具，并填在表中。

件 1 加工内容及对应刀具、量具

序号	加工内容	刀具	量具
1			
2			
3			
4			
5			

件 2 加工内容及对应刀具、量具

序号	加工内容	刀具	量具
1			
2			
3			
4			
5			

件 3 加工内容及对应刀具、量具

序号	加工内容	刀具	量具
1			
2			
3			
4			
5			

（4）为保证最终的装配质量，球杯模型加工过程中应采取什么样的加工顺序?

（5）根据上述分析，填写球杯模型加工工艺卡。

球杯模型加工工艺卡

<table>
<tr><td rowspan="2">单位名称</td><td rowspan="2"></td><td colspan="3">产品名称</td><td colspan="2"></td><td>图号</td><td></td></tr>
<tr><td colspan="3">零件名称</td><td></td><td>数量</td><td></td><td>第　页</td></tr>
<tr><td>材料种类</td><td></td><td>材料牌号</td><td></td><td colspan="2">毛坯尺寸</td><td colspan="2"></td><td>共　页</td></tr>
<tr><td rowspan="2">工序号</td><td rowspan="2">工序内容</td><td rowspan="2">车间</td><td rowspan="2">设备</td><td colspan="3">工具</td><td rowspan="2">计划工时</td><td rowspan="2">实际工时</td></tr>
<tr><td>夹具</td><td>量具</td><td>刃具</td></tr>
<tr><td></td><td></td><td></td><td></td><td></td><td></td><td></td><td></td><td></td></tr>
<tr><td></td><td></td><td></td><td></td><td></td><td></td><td></td><td></td><td></td></tr>
<tr><td></td><td></td><td></td><td></td><td></td><td></td><td></td><td></td><td></td></tr>
<tr><td></td><td></td><td></td><td></td><td></td><td></td><td></td><td></td><td></td></tr>
<tr><td></td><td></td><td></td><td></td><td></td><td></td><td></td><td></td><td></td></tr>
<tr><td></td><td></td><td></td><td></td><td></td><td></td><td></td><td></td><td></td></tr>
<tr><td></td><td></td><td></td><td></td><td></td><td></td><td></td><td></td><td></td></tr>
<tr><td>更改号</td><td></td><td>拟定</td><td colspan="2">校正</td><td colspan="2">审核</td><td colspan="2">批准</td></tr>
<tr><td>更改者</td><td></td><td></td><td colspan="2"></td><td colspan="2"></td><td colspan="2"></td></tr>
<tr><td>日期</td><td></td><td></td><td colspan="2"></td><td colspan="2"></td><td colspan="2"></td></tr>
</table>

三、数控加工工艺分析

1. 设计件 1 的加工路线图。

2. 设计件 2 的加工路线图。

3. 设计件 3 的加工路线图。

4. 根据球杯加工内容，完成球杯模型加工刀具卡。

球杯模型加工刀具卡

产品名称或代号		零件名称		零件图号	
刀具号	刀具名称	数量	加工内容	刀尖半径（mm）	刀具规格（mm × mm）
编制	审核	批准		第　页	共　页

5. 根据上述分析，制定球杯模型数控加工工序卡。

球杯模型数控加工工序卡

<table>
<tr><td rowspan="2">单位名称</td><td rowspan="2"></td><td colspan="2">产品名称或代号</td><td colspan="2">零件名称</td><td colspan="2">零件图号</td></tr>
<tr><td colspan="2"></td><td colspan="2"></td><td colspan="2"></td></tr>
<tr><td>工序号</td><td>程序编号</td><td colspan="2">夹具名称</td><td colspan="2">使用设备</td><td colspan="2">车间</td></tr>
<tr><td></td><td></td><td colspan="2"></td><td colspan="2"></td><td colspan="2"></td></tr>
<tr><td>工步号</td><td>工步内容</td><td>刀具号</td><td>刀具规格
(mm)</td><td>主轴转速
(r/min)</td><td>进给速度
(mm/min)</td><td>背吃刀量
(mm)</td><td>备注</td></tr>
<tr><td></td><td></td><td></td><td></td><td></td><td></td><td></td><td></td></tr>
<tr><td></td><td></td><td></td><td></td><td></td><td></td><td></td><td></td></tr>
<tr><td></td><td></td><td></td><td></td><td></td><td></td><td></td><td></td></tr>
<tr><td></td><td></td><td></td><td></td><td></td><td></td><td></td><td></td></tr>
<tr><td></td><td></td><td></td><td></td><td></td><td></td><td></td><td></td></tr>
<tr><td></td><td></td><td></td><td></td><td></td><td></td><td></td><td></td></tr>
<tr><td></td><td></td><td></td><td></td><td></td><td></td><td></td><td></td></tr>
<tr><td></td><td></td><td></td><td></td><td></td><td></td><td></td><td></td></tr>
<tr><td></td><td></td><td></td><td></td><td></td><td></td><td></td><td></td></tr>
<tr><td></td><td></td><td></td><td></td><td></td><td></td><td></td><td></td></tr>
<tr><td></td><td></td><td></td><td></td><td></td><td></td><td></td><td></td></tr>
<tr><td></td><td></td><td></td><td></td><td></td><td></td><td></td><td></td></tr>
<tr><td></td><td></td><td></td><td></td><td></td><td></td><td></td><td></td></tr>
<tr><td>编制</td><td></td><td>审核</td><td></td><td>批准</td><td></td><td>共　页</td><td>第　页</td></tr>
</table>

四、编制程序

1. 认知正弦型函数及其性质。

正弦型函数解析式为：____

各变量对函数图像的影响：

ϕ：____

ω：____

2. 根据公式 $y=5\sin x$ 绘制正弦型曲线，并回答问题。

(1) 用“五点作图法”作图，要求 x 分别取 0、$\pi/2$、π、$3\pi/2$、2π。

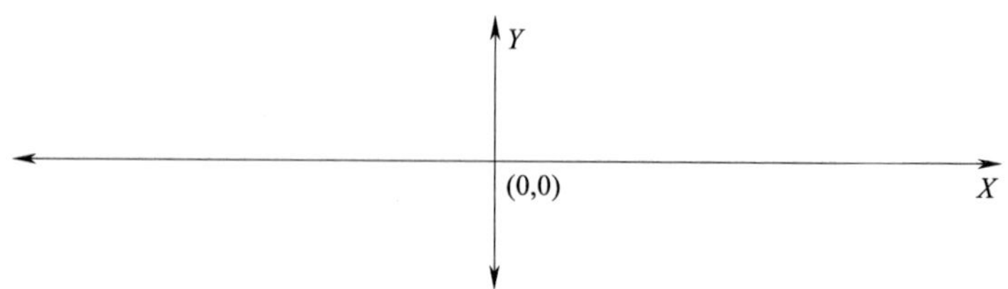

（2）说明 $y=5\sin x$ 中“5”的作用。

3. 根据公式 $y=5\sin x+20$ 绘制正弦曲线，并回答问题。

（1）用“五点作图法”作图，要求 x 分别取 0、$\pi/2$、π、$3\pi/2$、2π。

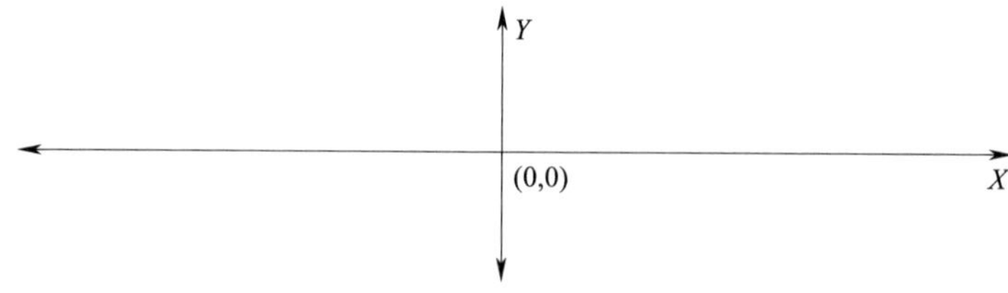

（2）说明 $y=5\sin x+20$ 中 20 的作用。

4. 将上述两正弦型函数解析式变化成数控车 XZ 平面坐标解析式。

5. 根据以下图示，选择恰当的轮廓线近似拟合方式。

(1)

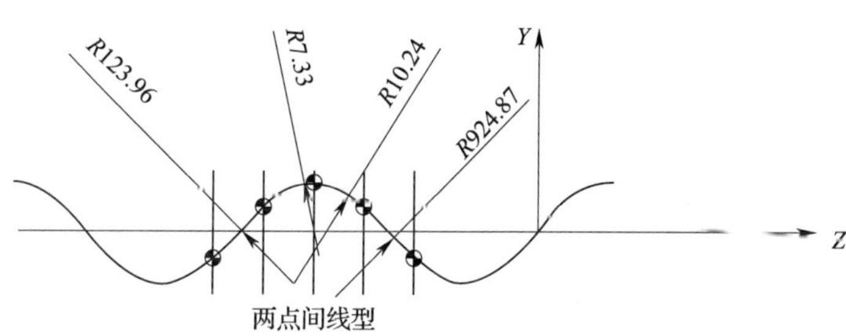

图中的拟合方式是：____

如果用这种方式编程需要哪些编程条件?

(2)

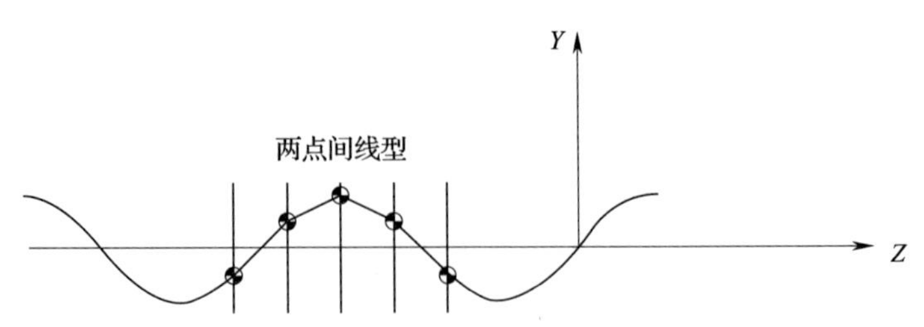

图中的拟合方式是：____________________________________

如果用这种方式编程需要哪些编程条件?

6. 分析不同拟合方式的优缺点。

7. 说明下面图形中曲线的周期，并在图上标注角度点，同时说明曲线起点和终点的 *X*、*Z* 坐标值。

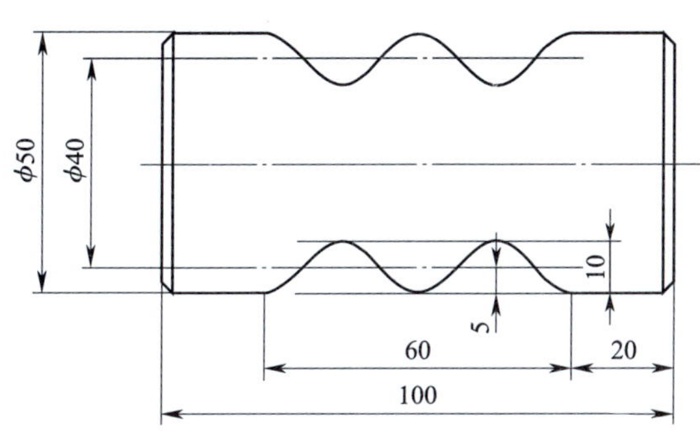

曲线的周期________________________________

起点坐标值________________________________

终点坐标值________________________________

8. 上面图形中曲线数控车程序如下，在程序段后面加注解说明。

T0101；________________________________

G00 X50 Z0；________________________________

G01 Z－20 F0.1；________________________________

#1 =90；________________________________

#2 = －630；________________________________

#3 =0；________________________________

WHILE ［#1GE#2］ DO1；________________________________

#4 =5 * SIN ［#1］；________________________________

G01 X ［40 +2 * #4］ Z ［#3 －20］ F0.1；________________________________

#1 =#1 －0.72；________________________________

#3 =#3 －0.06；________________________________

END1；________________________________

9．编制下图外轮廓精加工程序。

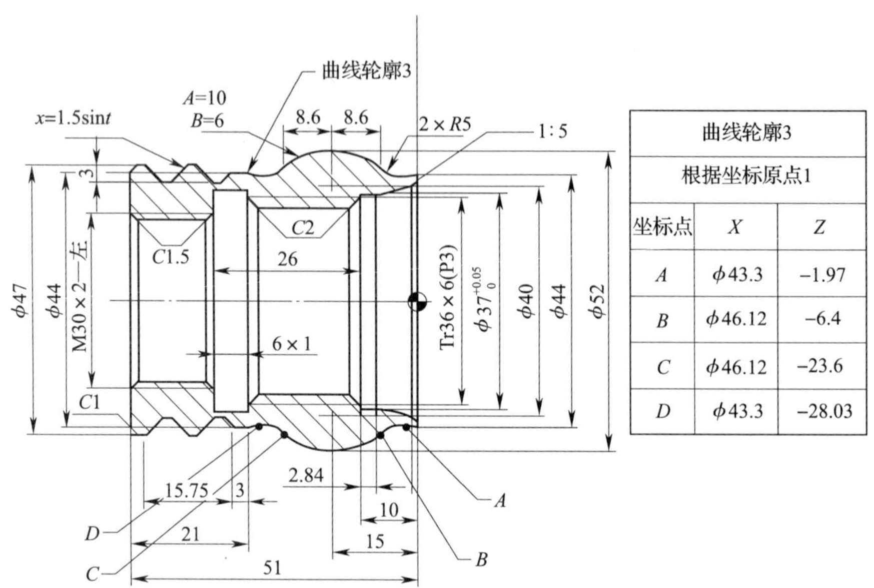

曲线轮廓3		
根据坐标原点1		
坐标点	X	Z
A	φ43.3	−1.97
B	φ46.12	−6.4
C	φ46.12	−23.6
D	φ43.3	−28.03

10. 收集信息，例举 4 种其他非圆曲线。

（1）曲线 1 名称____________________

函数表达式：____________________

绘制草图：

（2）曲线 2 名称____________________

函数表达式：____________________

绘制草图：

（3）曲线 3 名称____________________

函数表达式：____________________

绘制草图：

(4) 曲线 4 名称______________________________

函数表达式：______________________________

绘制草图：

11. 填写球杯模型数控加工程序卡。

球杯模型数控加工程序卡

<table>
<tr><td rowspan="3">数控加工程序卡</td><td>零件毛坯尺寸</td><td colspan="3"></td><td>编写日期</td><td></td></tr>
<tr><td>零件名称</td><td></td><td>工序号</td><td></td><td>材料</td><td></td></tr>
<tr><td>车床型号</td><td></td><td>夹具名称</td><td></td><td>实训车间</td><td></td></tr>
<tr><td>程序号</td><td colspan="3">程序</td><td colspan="3">注解说明</td></tr>
<tr><td></td><td colspan="3"></td><td colspan="3"></td></tr>
<tr><td></td><td colspan="3"></td><td colspan="3"></td></tr>
<tr><td></td><td colspan="3"></td><td colspan="3"></td></tr>
<tr><td></td><td colspan="3"></td><td colspan="3"></td></tr>
<tr><td></td><td colspan="3"></td><td colspan="3"></td></tr>
<tr><td></td><td colspan="3"></td><td colspan="3"></td></tr>
<tr><td></td><td colspan="3"></td><td colspan="3"></td></tr>
<tr><td></td><td colspan="3"></td><td colspan="3"></td></tr>
<tr><td></td><td colspan="3"></td><td colspan="3"></td></tr>
<tr><td></td><td colspan="3"></td><td colspan="3"></td></tr>
<tr><td></td><td colspan="3"></td><td colspan="3"></td></tr>
<tr><td></td><td colspan="3"></td><td colspan="3"></td></tr>
<tr><td></td><td colspan="3"></td><td colspan="3"></td></tr>
</table>

续表

程序号	程序	注解说明

注：此表不够可复印。

学习活动2 球杯模型的数控车加工

学习目标

1. 能根据球杯模型图样，确定符合加工要求的工、量、夹具及辅件。

2. 能根据球杯模型毛坯及刀具材料，正确选择切削液。

3. 能正确输入零件的加工程序，应用数控车床的模拟检验功能，检查程序编写中的错误，并对程序进行优化。

4. 能在球杯模型加工过程中，严格按照数控车床操作规程操作机床。

5. 能根据切削状态调整切削用量，保证正常切削，并适时检测，保证球杯模型加工精度。

6. 能正确、规范地对球杯模型进行数控车床加工。

7. 能独立解决加工中出现的程序报警及机床简单故障。

8. 能按车间现场6S管理和产品工艺流程的要求，正确、规范地保养机床，进行产品交接并规范填写交接班记录表。

建议学时 50学时

学习过程

一、加工准备

1. 填写工、量、刃具清单，并领取工、量、刃具。

工、量、刃具清单

序号	名称	规格	数量	备注
1				
2				
3				
4				
5				
6				
7				
8				
9				
10				

2. 领取毛坯料，并测量毛坯外形尺寸，判断毛坯是否有足够的加工余量。记录所领毛坯料的实际尺寸。

3. 根据加工对象及所用刀具，确定本次加工所用切削液。

二、零件加工

1. 按照数控车床安全操作规程检查各项均符合要求后，送电开机。

2. 按正确操作顺序，进行回机床参考点操作。

3. 正确装夹工件，并对其进行找正。

4. 对照刀具卡安装刀具，确保刀具号对应、位置尺寸正确、牢固可靠，并设定主轴转速。

5. 按加工先后次序，采用试切法正确对刀。

6. 程序输入与校验

（1）输入并调试球杯模型数控车加工程序。

（2）记录程序输入时产生的报警号，并说明产生报警的原因及解决办法。

报警记录

报警号	报警内容	报警原因	解决办法

7. 自动加工

（1）加工中注意观察刀具的切削情况，记录加工中的不合理因素，以便于纠正，提高工作效率（如切削用量、加工路径等是否合理，刀具是否有干涉等）。

球杯模型加工中遇到的问题

问题	分析原因	预防措施	改进方法

（2）比较之前确定的加工工艺、工件装夹方式、切削用量等，根据实际需要，在加工过程中调整的参数有哪些？记录下来，试分析其原因。

（3）请根据要求输入以下程序段，并在机床上模拟操作，会出现一些报警现象，分析出现的报警信息，并作记录与分析，避免类似错误的发生。

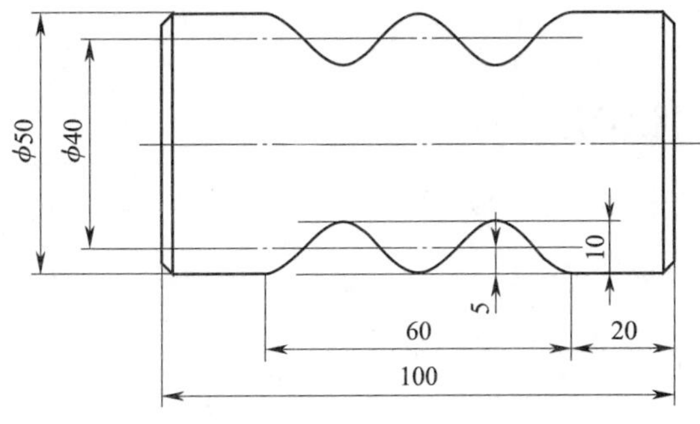

T0101；

G42 G00 X50；　请就此处加入 G42 刀补指令后做编程轨迹的图形分析

Z0; ________________

G01 Z -20 F0.1;

#1 =90;　　　缺少#1 =90：现象：________________

#2 = -630;　　缺少#2 = -630：现象：________________

#3 =0;

WHILE [#1GE#2] D01;

改成：1. WILE [#1GE#2] D01　现象：________________

改成：2. WHILE [#1LE#2] D01 现象：________________

改成：3. WHILE [#1GE#2] D0　现象：________________

#4 =5 * SIN [#1];

G42 G01 X [40 +2 * #4] Z [#3 -20] F0.1;（刀尖半径 *R*0.4）请就此处加入 G42 刀补指令后做编程轨迹的图形分析

#1 =#1 -0.72;

#3 =#3 -0.06;

END1;　（END1 不写）现象：________________

（4）解决螺纹配合后难拆卸的问题有哪些方法?

三、保养机床、清理场地

加工完毕后，按照图样要求进行自检，正确放置零件，并进行产品交接确认；按照国家环保相关规定和车间要求整理现场，清扫切屑，保养机床，并正确处置废油液等废弃物；按车间规定填写交接班记录（附表 1）和设备日常保养记录卡（附表 2）。

学习活动3　球杯模型的检验与质量分析

学习目标

1. 能根据球杯模型图样，合理选择检验工具和量具，确定检测方法。

2. 能根据球杯模型的测量结果，分析误差产生的原因，提出修改意见。

3. 能正确、规范地使用工、量具，并对其进行合理保养和维护。

4. 能按检验室管理要求，正确放置检验用工、量具。

建议学时　4学时

学习过程

一、明确测量要素，领取检测用量具

1. 球杯模型中有哪些要素需要测量?

2. 根据球杯模型测量要素，写出检测球杯模型所对应的量具，并填入表中。

检测球杯模型所对应的量具

序号	量具名称	量具规格（精度）	检测内容	备注
1				
2				
3				
4				
5				
6				
7				

二、检测零件，填写球杯模型质量检验单

根据图样要求，自检球杯模型，并完成球杯模型质量检验单。

球杯模型质量检验单

零件	项目	序号	内容	检测结果	结论
件 1	外圆	1	$\phi 48_{-0.039}^{0}$ mm		
	内锥	2	ϕ39. 76 mm、ϕ29. 76 mm		
	内孔	3	$\phi 25_{0}^{+0.025}$ mm		
	长度	4	5 mm、18 mm、39 mm		
	正弦曲线	5	$x=1.5\sin t$		
	倒角	6	*C*2（1 处）、*C*1（3 处）		
	螺纹	7	M24 × 1. 5		
	轮廓曲线	8	外轮廓曲线形状正确		
	几何公差	9	↗ | 0.05 | *A*		
		10	⌰ | 0.05 | *A*		
	表面质量	11	*Ra* 1. 6 μm（2 处）		
		12	*Ra* 3. 2 μm（5 处）		

续表

零件	项目	序号	内容	检测结果	结论
件 2	外圆	13	$\phi30_{-0.052}^{\ 0}$ mm		
		14	$\phi25_{-0.033}^{\ 0}$ mm		
		15	*SR*（24 ±0. 03） mm		
		16	ϕ22 mm		
	一般尺寸	17	ϕ39. 76 mm、ϕ29. 76 mm、*R*1. 5 mm		
	长度	18	26 mm、52. 73 mm、11 mm、3 mm、5 mm、18 mm、15 mm		
	几何公差	19	◎ | ϕ0.015 | *A*		
	螺纹	20	M24 ×1. 5（2 处）		
	表面质量	21	*Ra* 1. 6 μm（4 处）		
		22	*Ra* 3. 2 μm（4 处）		
件 3	螺纹	23	M24 ×1. 5		
	锥面形状	24	ϕ39. 76 mm、ϕ30. 76 mm、*R*1. 5 mm		
	几何公差	25	↗ | 0.05 | *A*		
	圆弧	26	*SR*（24 ±0. 03） mm		
	一般尺寸	27	7. 5 mm、12 mm、2 mm ×1 mm		
	倒角	28	*C*1（2 处）		
	表面质量	29	*Ra* 1. 6 μm（2 处）		
		30	*Ra* 3. 2 μm（2 处）		

续表

<table>
<tr><th>零件</th><th>项目</th><th>序号</th><th>内容</th><th>检测结果</th><th>结论</th></tr>
<tr><td rowspan="6">装配后</td><td rowspan="3">配合</td><td>31</td><td>件 1 和件 2 内外螺纹配合合格</td><td></td><td></td></tr>
<tr><td>32</td><td>件 1 和件 2 内外圆柱配合合格</td><td></td><td></td></tr>
<tr><td>33</td><td>件 3 和件 2 内外螺纹配合、锥面配合合格</td><td></td><td></td></tr>
<tr><td>几何公差</td><td>34</td><td>⌓ 0.05</td><td></td><td></td></tr>
<tr><td>球面</td><td>35</td><td>$S\phi$（48 ±0. 05） mm</td><td></td><td></td></tr>
<tr><td>总长</td><td>36</td><td>（89. 7 ±0. 05） mm（2 处）</td><td></td><td></td></tr>
<tr><td colspan="3">检测结论</td><td colspan="3"></td></tr>
<tr><td colspan="3">产生不合格品的情况分析</td><td colspan="3"></td></tr>
</table>

三、提出工艺方案修改意见

对不合格项目进行分析、讨论，小组提出修改意见。

不合格项目	产生原因	预防方法
尺寸不对		
圆弧连接不光滑		
装配后几何公差超差		
配合尺寸不正确		
表面质量不合格		

学习活动 4　工作总结与评价

学习目标

1. 能按照球杯模型加工综合评价表完成自评。

2. 能按分组情况，分别派代表展示球杯模型加工成果，说明本次任务的完成情况，并作分析总结。

3. 能结合自身任务完成情况，正确、规范地撰写工作总结（心得体会）。

4. 能就本次任务中出现的问题提出改进措施。

5. 能对学习与工作进行反思总结，并能与他人开展良好合作，进行有效的沟通。

建议学时　4 学时

学习过程

一、自我评价

球杯模型加工综合评价表

工件编号		技术要求	配分	总得分		
项目	序号			评分标准	检测记录	得分
机床操作（20%）	1	正确开启机床，检查	4	不正确、不合理无分		
	2	机床返回参考点	4	不正确、不合理无分		
	3	程序的输入及修改	4	不正确、不合理无分		
	4	程序空运行轨迹检查	4	不正确、不合理无分		
	5	对刀的方式和方法	4	不正确、不合理无分		

续表

工件编号		技术要求		配分	总得分		
项目	序号				评分标准	检测记录	得分
程序与工艺（20%）	6	程序格式规范		7	不合格每处扣 3 分		
	7	程序正确、完整		7	不合格每处扣 3 分		
	8	工艺合理		6	不合格每处扣 2 分		
零件质量（50%）	9	件 1	$\phi48_{-0.039}^{0}$ mm	1	超差不得分		
	10		$\phi39.76$ mm、$\phi29.76$ mm	1	超差不得分		
	11		$\phi25_{0}^{+0.025}$ mm	1	超差不得分		
	12		5 mm、18 mm、39 mm	1.5	超差不得分		
	13		$x=1.5\sin t$	2	不合格不得分		
	14		C2（1 处）、C1（3 处）	2	不合格不得分		
	15		M24×1.5	2	不合格不得分		
	16		外轮廓曲线形状正确	2	不合格不得分		
	17		↗ 0.05 A	1	超差不得分		
	18		⌰ 0.05 A	1	超差不得分		
	19		Ra 1.6 μm（2 处）	1	降级不得分		
	20		Ra 3.2 μm（5 处）	1	降级不得分		
	21	件 2	$\phi30_{-0.052}^{0}$ mm	1	超差不得分		
	22		$\phi25_{-0.033}^{0}$ mm	1	超差不得分		
	23		SR（24±0.03）mm	1	超差不得分		
	24		$\phi22$ mm	1	超差不得分		
	25		$\phi39.76$ mm、$\phi29.76$ mm、R1.5 mm	1.5	超差不得分		
	26		26 mm、52.73 mm、11 mm、3 mm、5 mm、18 mm、15 mm	3.5	超差不得分		
	27		◎ $\phi0.015$ A	1	超差不得分		
	28		M24×1.5（2 处）	2	不合格不得分		
	29		Ra 1.6 μm（4 处）	1	降级不得分		
	30		Ra 3.2 μm（4 处）	1	降级不得分		

续表

工件编号					总得分		
项目	序号	技术要求		配分	评分标准	检测记录	得分
零件质量（50%）	31	件 3	M24×1.5	2	不合格不得分		
	32		ϕ39.76 mm、ϕ30.76 mm、R1.5 mm	2	超差不得分		
	33		↗ 0.05 A	1	超差不得分		
	34		SR（24±0.03）mm	1	超差不得分		
	35		7.5 mm、12 mm、2 mm×1 mm	1	超差不得分		
	36		C1（2 处）	1	不合格不得分		
	37		Ra 1.6 μm（2 处）	1	降级不得分		
	38		Ra 3.2 μm（2 处）	0.5	降级不得分		
	39	装配后	件 1 和件 2 内外螺纹配合合格	2	不合格不得分		
	40		件 1 和件 2 内外圆柱配合合格	2	不合格不得分		
	41		件 3 和件 2 内外螺纹配合、锥面配合合格	2	不合格不得分		
	42		⌓ 0.05	1	超差不得分		
	43		$S\phi$（48±0.05）mm	1	超差不得分		
	44		（89.7±0.05）mm（2 处）	2	超差不得分		
安全文明生产（10%）	45	安全操作		5	不按安全操作规程操作全扣		
	46	机床清理		5	不合格全扣		
总　配　分				100			

二、展示评价（小组评价）

把个人制作好的球杯模型先进行分组展示，再由小组推荐代表作必要的介绍。在展示的过程中，以小组为单位进行评价；评价完成后，根据其他小组成员对本组展示成果的评价意见进行归纳总结。完成如下项目：

（1）展示的球杯模型符合技术标准吗？

很好□　　一般□　　不准确□

（2）本小组介绍成果表达是否清晰？

很好□　　一般，常补充□　　不清晰□

（3）本小组演示的球杯模型加工方法操作正确吗？

正确□　　部分正确□　　不正确□

（4）本小组演示操作时遵循了“6S”的工作要求吗？

符合工作要求□　　忽略了部分要求□　　完全没有遵循□

（5）本小组的检测量具、量仪保养完好吗？

良好□　　一般□　　不合要求□

（6）本小组成员的团队创新精神如何？

良好□　　一般□　　不足□

三、教师评价

教师对展示的作品分别作评价。

1. 找出各小组的优点进行点评。

2. 对展示过程中各小组的缺点进行点评，提出改进方法。

3. 对整个任务完成中出现的亮点和不足进行点评。

四、总结提升

1. 根据球杯模型加工质量及完成情况，分析球杯模型编程与加工中的不合理处及其原因并提出改进意见，填入表中。

球杯模型加工不合理处及改进意见

序号	工作内容	不合理处	不合理的原因	改进意见
1	零件工艺处理与编程			

续表

序号	工作内容	不合理处	不合理的原因	改进意见
2	零件数控车加工			
3	零件质量			

2. 结合自身任务完成情况，通过交流讨论等方式较全面、规范地撰写本次任务的工作总结。

工作总结（心得体会）

评价与分析

学习任务六评价表

班级：________ 学生姓名：________ 学号：________

项目	自我评价			小组评价			教师评价		
	10～9	8～6	5～1	10～9	8～6	5～1	10～9	8～6	5～1
	占总评 10%			占总评 30%			占总评 60%		
学习活动 1									
学习活动 2									
学习活动 3									
学习活动 4									
表达能力									
协作精神									
纪律观念									
工作态度									
操作规范性									
任务总体表现									
小计分									
总评分									

任课教师：________ 年 月 日

学习任务七　皮带轴组件的数控车加工

1. 能阅读生产任务单，明确工作任务，制定合理的工作计划。

2. 能对皮带轴组件图样进行正确的分析。

3. 能正确、规范地填写皮带轴组件加工工艺卡。

4. 能合理制定皮带轴组件的数控加工工艺路线，填写数控加工工序卡。

5. 能完成皮带轴组件数控加工程序的编制。

6. 能正确、规范地对皮带轴组件进行数控车床加工。

7. 能按车间现场6S管理和产品工艺流程的要求，正确、规范地保养机床，进行产品交接并规范填写交接班记录表。

8. 能对皮带轴组件进行正确的测量，评估与判断零件质量是否合格，并提出改进措施。

9. 能主动获取有效信息，展示工作成果，对学习与工作进行反思总结，并能与他人开展良好合作，进行有效的沟通。

60学时

某机械厂需制作皮带轴组件的模型，该组件由台阶套、台阶轴、皮带套三件组成，现委托我单位进行加工，数量为30套，工期为15天。生产主管部门将该生产任务交予我数

控车工组完成。

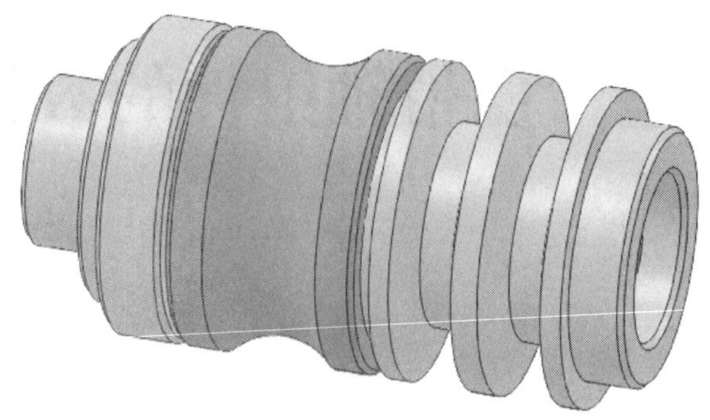

皮带轴组件

工作流程与活动

1. 皮带轴组件加工工艺分析与编程（12 学时）
2. 皮带轴组件的数控车加工（40 学时）
3. 皮带轴组件的检验与质量分析（4 学时）
4. 工作总结与评价（4 学时）

学习活动1　皮带轴组件加工工艺分析与编程

学习目标

1. 能阅读生产任务单，明确工作任务，制定合理的工作计划。

2. 能对皮带轴组件图样进行正确的分析。

3. 能正确解算尺寸链。

4. 能正确、规范地填写皮带轴组件加工工艺卡。

5. 能根据加工工艺、皮带轴组件材料和形状特征等选择刀具，并确定切削用量。

6. 能合理制定皮带轴组件的数控加工工艺路线，填写数控加工工序卡。

7. 能完成皮带轴组件数控加工程序的编制。

建议学时　12 学时

学习过程

一、阅读生产任务单

皮带轴组件生产任务单

单位名称				完成时间	年　月　日	
序号	产品名称	材料	生产数量	技术标准、质量要求		
1	台阶套	45 钢	30	按图样要求		
2	台阶轴	45 钢	30	按图样要求		
3	皮带套	45 钢	30	按图样要求		
生产批准时间		年　月　日	批准人			
通知任务时间		年　月　日	发单人			
接单时间		年　月　日	接单人		生产班组	数控车工组

1. 说明下图所示的传动形式以及它们各自的特点。

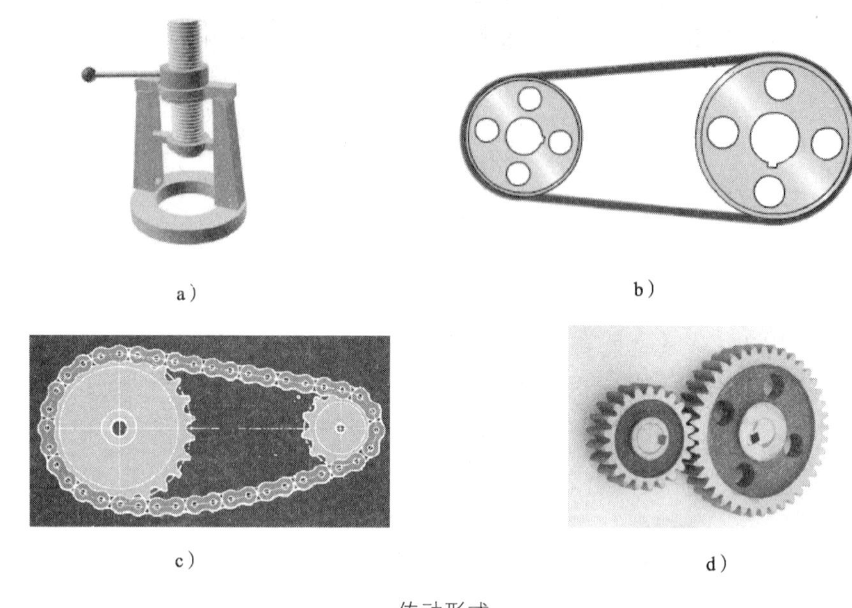

传动形式

2. 本生产任务工期为 15 天，请依据任务要求，制定合理的工作计划，并根据小组成员的特点进行分工。

序号	工作内容	时间	成员	负责人
1	工艺分析			
2	程序编制			
3	数控车加工			
4	成品检验与 质量分析			

二、根据皮带轴组件图样，制定加工工艺卡

1. 识读皮带轴组件图样

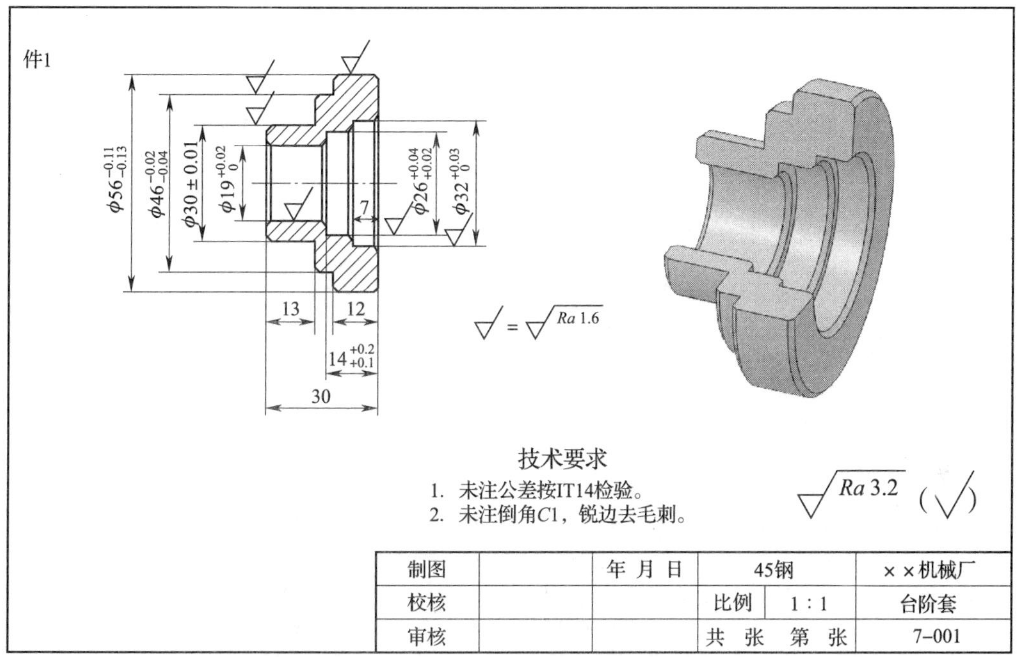

件1 台阶套零件图

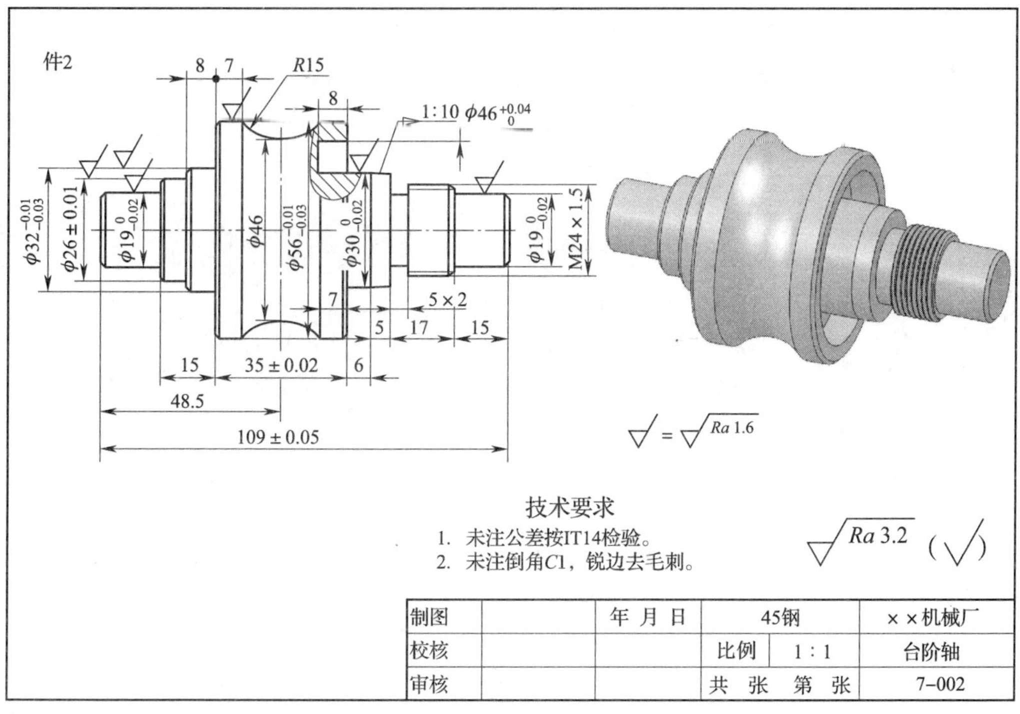

件2 台阶轴零件图

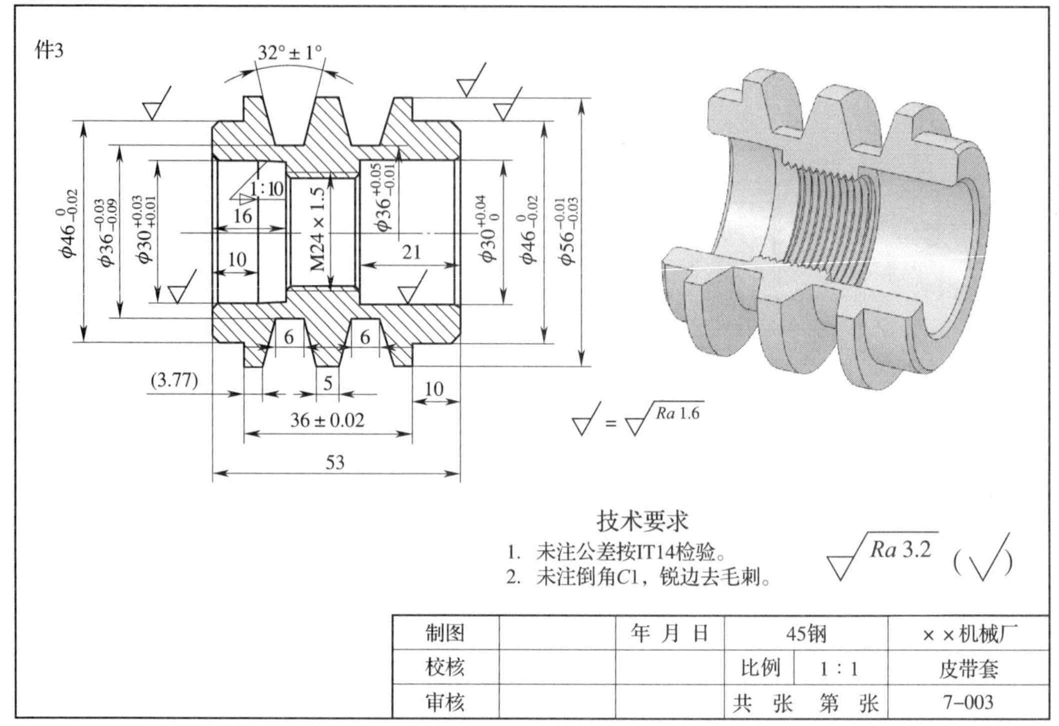

件 3 皮带套零件图

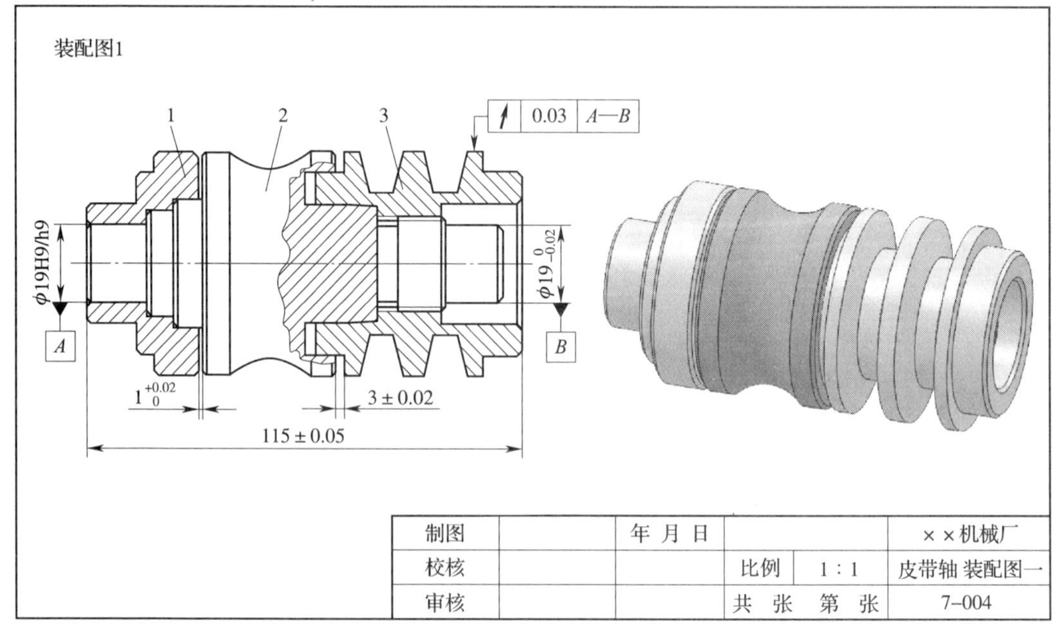

皮带轴装配图 1

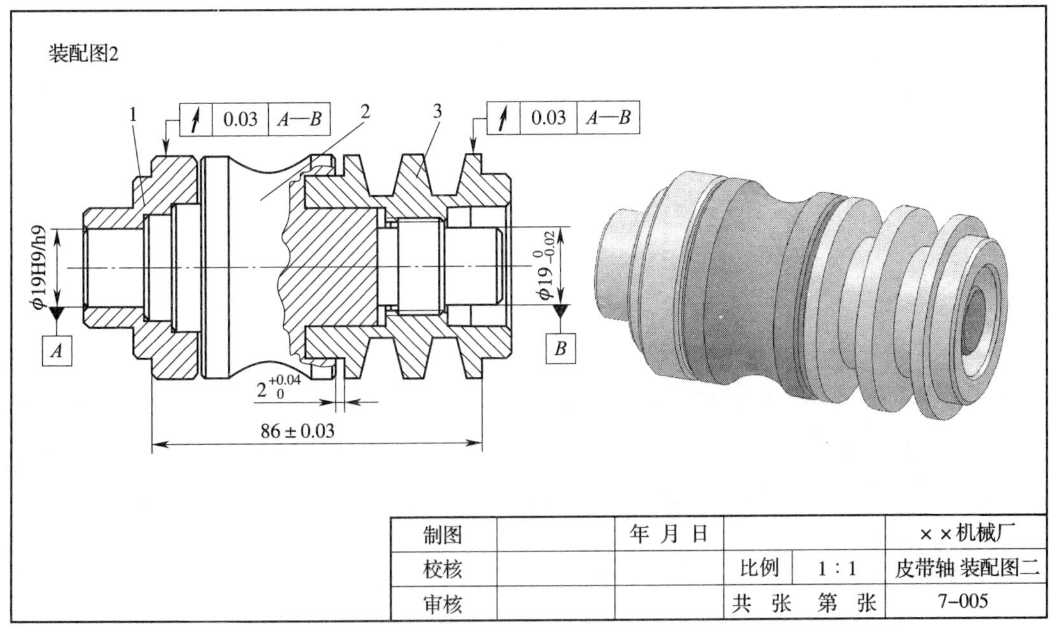

皮带轴装配图 2

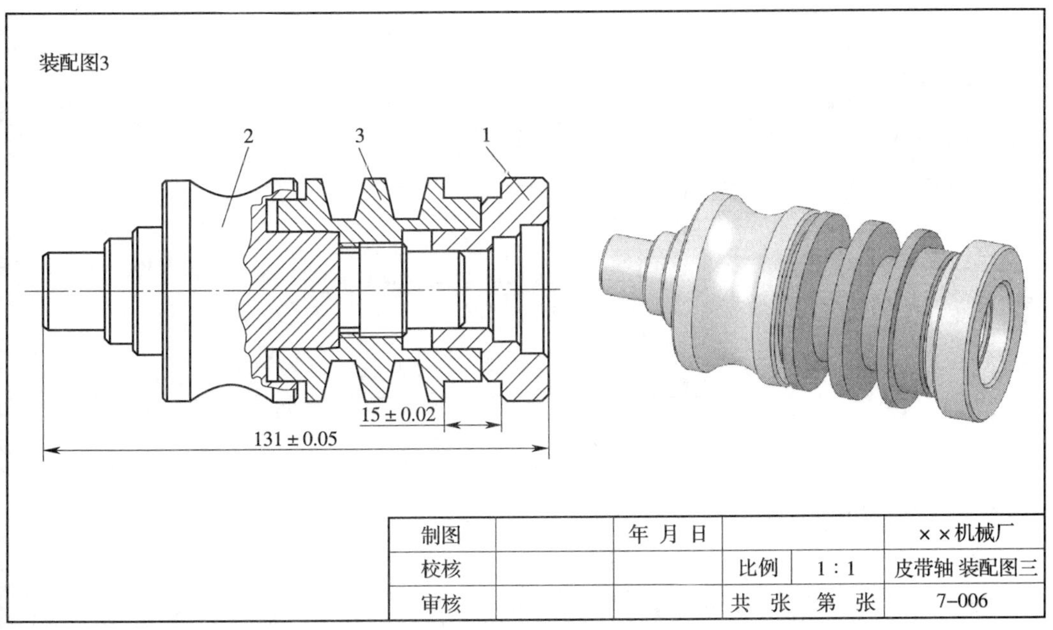

皮带轴装配图 3

（1）说明皮带轴装配图 1 中几何公差 | ↗ | 0.03 | A—B | 的含义。

（2）装配图 1、2、3 都采用了何种剖视图的表达方式，这样表达有什么优点?

2. 尺寸链知识的学习

（1）在机器装配和零件加工过程中所涉及的尺寸，一般来说都不是孤立的，而是彼此之间有着一定的内在联系。往往一个尺寸的变化会引起其他尺寸的变化，或是一个尺寸的获得要靠其他一些尺寸来保证。试简述尺寸链的定义和分类。

（2）尺寸链一般由封闭环、增环、减环组成，分析下图中 A_0、A_1、A_2 的性质，并总结各环的判别方法。

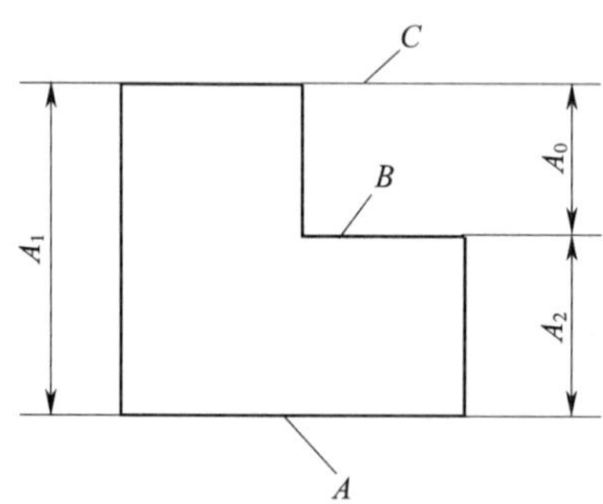

（3）写出尺寸链中封闭环的基本尺寸、偏差、公差的计算方法。

（4）如图所示零件，若 $A_1 = 30_{-0.1}^{\ 0}$ mm、$A_0 =$（10 ± 0.1）mm，求调整尺寸 A_2。

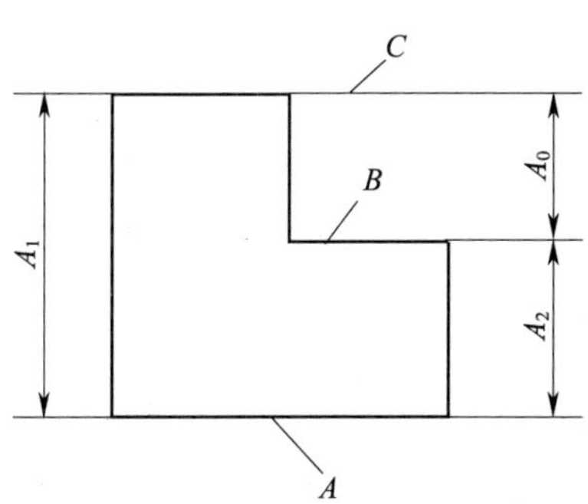

（5）如图所示零件，设计尺寸为 $10_{-0.36}^{\ 0}$ mm。因尺寸不便测量，改测尺寸 x，试确定尺寸 x 的数值和公差。

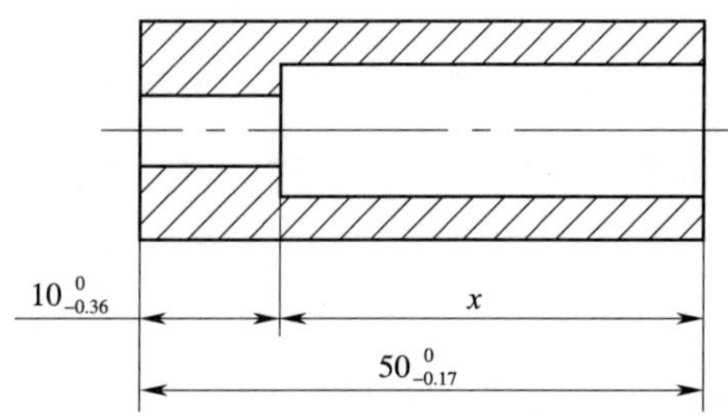

（6）加工一齿轮内孔和键槽，设计尺寸为 $D_2 = \phi 40_{\ 0}^{+0.05}$ mm，$H = 43.3_{\ 0}^{+0.2}$ mm，加工工序如下：1）镗内孔至 $D_1 = \phi 39.6_{\ 0}^{+0.05}$ mm；2）插键槽保证尺寸 A_1；3）热处理；4）磨内孔至图样尺寸 $D_2 = \phi 40_{\ 0}^{+0.05}$ mm。求工序尺寸 A_1。

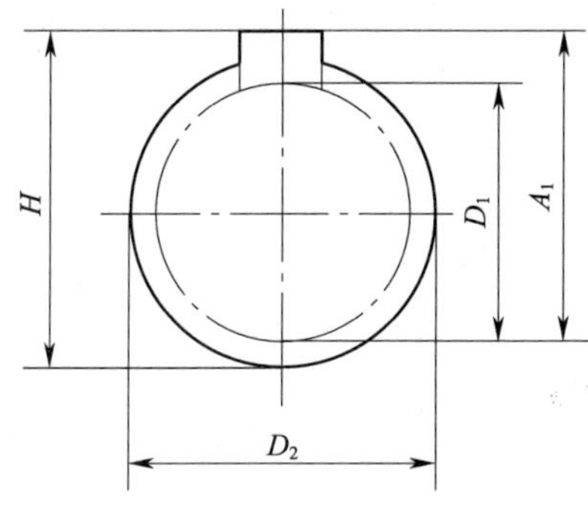

3．制定皮带轴组件加工工艺卡

讨论并确定皮带轴组件加工工艺过程，填写加工工艺卡。

皮带轴组件加工工艺卡

<table>
<tr><td rowspan="2">单位名称</td><td rowspan="2"></td><td colspan="3">产品名称</td><td colspan="2"></td><td>图号</td><td></td></tr>
<tr><td colspan="3">零件名称</td><td></td><td>数量</td><td></td><td>第　页</td></tr>
<tr><td>材料种类</td><td></td><td>材料牌号</td><td></td><td colspan="2">毛坯尺寸</td><td colspan="2"></td><td>共　页</td></tr>
<tr><td rowspan="2">工序号</td><td rowspan="2">工序内容</td><td rowspan="2">车间</td><td rowspan="2">设备</td><td colspan="3">工具</td><td rowspan="2">计划工时</td><td rowspan="2">实际工时</td></tr>
<tr><td>夹具</td><td>量具</td><td>刃具</td></tr>
<tr><td></td><td></td><td></td><td></td><td></td><td></td><td></td><td></td><td></td></tr>
<tr><td></td><td></td><td></td><td></td><td></td><td></td><td></td><td></td><td></td></tr>
<tr><td></td><td></td><td></td><td></td><td></td><td></td><td></td><td></td><td></td></tr>
<tr><td></td><td></td><td></td><td></td><td></td><td></td><td></td><td></td><td></td></tr>
<tr><td></td><td></td><td></td><td></td><td></td><td></td><td></td><td></td><td></td></tr>
<tr><td></td><td></td><td></td><td></td><td></td><td></td><td></td><td></td><td></td></tr>
<tr><td></td><td></td><td></td><td></td><td></td><td></td><td></td><td></td><td></td></tr>
<tr><td>更改号</td><td></td><td>拟定</td><td colspan="2">校正</td><td colspan="2">审核</td><td colspan="2">批准</td></tr>
<tr><td>更改者</td><td></td><td></td><td colspan="2"></td><td colspan="2"></td><td colspan="2"></td></tr>
<tr><td>日期</td><td></td><td></td><td colspan="2"></td><td colspan="2"></td><td colspan="2"></td></tr>
</table>

三、数控加工工艺分析

1. 加工工艺分析

（1）若要同时保证皮带轴装配图1中（3 ±0.02）mm、（115 ±0.05）mm、$1^{+0.02}_{0}$ mm三个装配尺寸，加工时涉及哪些关键点?

（2）若要同时保证皮带轴装配图2中（86 ±0.03）mm、$2^{+0.04}_{0}$ mm两个装配尺寸，加工时涉及哪些关键点?

（3）若要同时保证皮带轴装配图3中（131 ±0.05）mm、（15 ±0.02）mm两个装配尺寸，加工时涉及哪些关键点?

（4）根据皮带轴组件加工质量要求，如何合理安排件1、件2和件3的加工顺序?

2. 根据皮带轴组件加工内容，完成皮带轴组件加工刀具卡。

皮带轴组件加工刀具卡

产品名称或代号		零件名称		零件图号	
刀具号	刀具名称	数量	加工内容	刀尖半径（mm）	刀具规格（mm×mm）
编制	审核	批准		第 页	共 页

3. 根据上述分析，制定皮带轴组件数控加工工序卡。

皮带轴组件数控加工工序卡

单位名称		产品名称或代号		零件名称		零件图号	
工序号	程序编号	夹具名称		使用设备		车间	
工步号	工步内容	刀具号	刀具规格（mm）	主轴转速（r/min）	进给速度（mm/min）	背吃刀量（mm）	备注
编制		审核		批准		共 页	第 页

四、编制程序

1. 件 3 皮带套上的皮带槽结构，用何种数控车复合循环指令能够实现快速、简便编程？试应用复合指令编写皮带槽加工程序。

2. 件 2 台阶轴上的端面槽结构，用何种数控车复合循环指令能够实现快速、简便编程？试应用复合指令编写端面槽加工程序。

3．编写皮带轴组件数控加工程序卡

皮带轴组件数控加工程序卡

<table>
<tr><td rowspan="3">数控
加工
程序卡</td><td>零件毛坯尺寸</td><td colspan="3"></td><td>编写日期</td><td></td></tr>
<tr><td>零件名称</td><td></td><td>工序号</td><td></td><td>材料</td><td></td></tr>
<tr><td>车床型号</td><td></td><td>夹具名称</td><td></td><td>实训车间</td><td></td></tr>
<tr><td>程序号</td><td colspan="3">程序</td><td colspan="3">注解说明</td></tr>
</table>

注：此表不够可复印。

学习活动 2　皮带轴组件的数控车加工

学习目标

1. 能根据皮带轴组件图样，确定符合加工要求的工、量、夹具及辅件。

2. 能根据皮带轴组件毛坯及刀具材料，正确选择切削液。

3. 能正确输入零件的加工程序，应用数控车床的模拟检验功能，检查程序编写中的错误，并对程序进行优化。

4. 能在皮带轴组件加工过程中，严格按照数控车床操作规程操作机床。

5. 能根据切削状态调整切削用量，保证正常切削，并适时检测，保证皮带轴组件加工精度。

6. 能正确、规范地对皮带轴组件进行数控车床加工。

7. 能独立解决加工中出现的程序报警及机床简单故障。

8. 能按车间现场 6S 管理和产品工艺流程的要求，正确、规范地保养机床，进行产品交接并规范填写交接班记录表。

建议学时　40 学时

学习过程

一、加工准备

1. 填写工、量、刃具清单，并领取工、量、刃具。

工、量、刃具清单

序号	名称	规格	数量	备注
1				
2				
3				
4				
5				
6				
7				
8				
9				
10				

2. 领取毛坯料，并测量毛坯外形尺寸，判断毛坯是否有足够的加工余量。记录所领毛坯料的实际尺寸。

3. 根据加工对象及所用刀具，确定本次加工所用切削液。

二、零件加工

1. 按照数控车床安全操作规程检查各项均符合要求后，送电开机。
2. 按正确操作顺序，进行回机床参考点操作。
3. 正确装夹工件，并对其进行找正。
4. 对照刀具卡安装刀具，确保刀具号对应、位置尺寸正确、牢固可靠，并设定主轴转速。

5. 按加工先后次序，采用试切法正确对刀。

6. 程序输入与校验

（1）输入并调试皮带轴组件数控车加工程序。

（2）记录程序输入时产生的报警号，并说明产生报警的原因及解决办法。

报警记录

报警号	报警内容	报警原因	解决办法

7. 自动加工

（1）加工中注意观察刀具的切削情况，记录加工中的不合理因素，以便于纠正，提高工作效率（如切削用量、加工路径等是否合理，刀具是否有干涉等）。

皮带轴组件加工中遇到的问题

问题	分析原因	预防措施	改进方法

（2）比较之前确定的加工工艺、工件装夹方式、切削用量等，根据实际需要，在加工过程中调整的参数有哪些？记录下来，试分析其原因。

三、保养机床、清理场地

加工完毕后，按照图样要求进行自检，正确放置零件，并进行产品交接确认；按照国家环保相关规定和车间要求整理现场，清扫切屑，保养机床，并正确处置废油液等废弃物；按车间规定填写交接班记录（附表1）和设备日常保养记录卡（附表2）。

学习活动 3　皮带轴组件的检验与质量分析

学习目标

1. 能根据皮带轴组件图样，合理选择检验工具和量具，确定检测方法。

2. 能根据皮带轴组件的测量结果，分析误差产生的原因，提出修改意见。

3. 能正确、规范地使用工、量具，并对其进行合理保养和维护。

4. 能按检验室管理要求，正确放置检验用工、量具。

建议学时　4 学时

学习过程

一、明确测量要素，领取检测用量具

1. 皮带轴组件中有哪些要素需要测量？

2. 根据皮带轴组件测量要素，写出检测皮带轴组件所对应的量具，并填入表中。

检测皮带轴组件所对应的量具

序号	量具名称	量具规格（精度）	检测内容	备注
1				
2				
3				
4				
5				
6				
7				

二、检测零件，填写皮带轴组件质量检验单

根据图样要求，自检皮带轴组件，并完成皮带轴组件质量检验单。

皮带轴组件质量检验单

零件	项目	序号	内容	检测结果	结论
件 1	外圆	1	ϕ（30 ±0.01） mm		
		2	$\phi46_{-0.04}^{-0.02}$ mm		
		3	$\phi56_{-0.13}^{-0.11}$ mm		
	内孔	4	$\phi19_{0}^{+0.02}$ mm		
		5	$\phi26_{+0.02}^{+0.04}$ mm		
		6	$\phi32_{0}^{+0.03}$ mm		
	长度	7	$14_{+0.1}^{+0.2}$ mm		
		8	13 mm、12 mm、7 mm、30 mm		
	倒角	9	*C*1（8 处）		
		10	*Ra* 1.6 μm（6 处）		
	表面质量	11	*Ra* 3.2 μm（4 处）		

续表

零件	项目	序号	内容	检测结果	结论
件 2	外圆	12	$\phi19_{-0.02}^{0}$ mm		
		13	ϕ（26 ±0.01）mm		
		14	$\phi32_{-0.03}^{-0.01}$ mm		
		15	$\phi56_{-0.03}^{-0.01}$ mm		
		16	$\phi30_{-0.02}^{0}$ mm		
		17	$\phi19_{-0.02}^{0}$ mm		
	内孔	18	$\phi46_{0}^{+0.04}$ mm		
	长度	19	（35 ±0.02）mm、（109 ±0.05）mm		
		20	8 mm（2 处）、7 mm（2 处）、6 mm、5 mm、17 mm、15 mm（2 处）		
	螺纹	21	M24 ×1.5 外螺纹		
	圆弧	22	R15 mm、ϕ46 mm		
	槽宽	23	5 mm ×2 mm		
	倒角	24	C1（7 处）		
	表面质量	25	Ra 1.6 μm（6 处）		
		26	Ra 3.2 μm（8 处）		
件 3	外圆	27	$\phi46_{-0.02}^{0}$ mm（2 处）		
		28	$\phi56_{-0.03}^{-0.01}$ mm		
		29	$\phi36_{-0.09}^{-0.03}$ mm		
		30	$\phi36_{-0.01}^{+0.05}$ mm		
	内孔	31	$\phi30_{+0.01}^{+0.03}$ mm		
		32	$\phi30_{0}^{+0.04}$ mm		
	槽	33	32° ±1°		
	螺纹	34	M24 ×1.5 内螺纹		
	倒角	35	C1（6 处）		

续表

零件	项目	序号	内容	检测结果	结论
件 3	长度	36	（36 ±0.02）mm		
		37	6 mm（2 处）、5 mm、10 mm（2 处）、3.77 mm、53 mm、16 mm、21 mm		
	表面质量	38	*Ra* 1.6 μm（5 处）		
		39	*Ra* 3.2 μm（10 处）		
装配后	装配图 1	40	$1^{+0.02}_{0}$ mm		
		41	（3 ±0.02）mm		
		42	（115 ±0.05）mm		
		43	↗ 0.03 A—B		
	装配图 2	44	$2^{+0.04}_{0}$ mm		
		45	（86 ±0.03）mm		
		46	↗ 0.03 A—B（2 处）		
	装配图 3	47	（15 ±0.02）mm		
		48	（131 ±0.05）mm		
检测结论					
产生不合格品的情况分析					

三、提出工艺方案修改意见

对不合格项目进行分析、讨论，小组提出修改意见。

不合格项目	产生原因	预防方法
尺寸不对		
无法装配		
装配后几何公差超差		
配合尺寸不正确		

学习活动4　工作总结与评价

学习目标

1. 能按照皮带轴组件加工综合评价表完成自评。

2. 能按分组情况，分别派代表展示皮带轴组件加工成果，说明本次任务的完成情况，并作分析总结。

3. 能结合自身任务完成情况，正确、规范地撰写工作总结（心得体会）。

4. 能就本次任务中出现的问题提出改进措施。

5. 能对学习与工作进行反思总结，并能与他人开展良好合作，进行有效的沟通。

建议学时　4学时

学习过程

一、自我评价

皮带轴组件加工综合评价表

工件编号		技术要求	配分	总得分		
项目	序号			评分标准	检测记录	得分
机床操作（20%）	1	正确开启机床，检查	4	不正确、不合理无分		
	2	机床返回参考点	4	不正确、不合理无分		
	3	程序的输入及修改	4	不正确、不合理无分		
	4	程序空运行轨迹检查	4	不正确、不合理无分		
	5	对刀的方式和方法	4	不正确、不合理无分		

续表

工件编号				总得分			
项目	序号	技术要求		配分	评分标准	检测记录	得分
程序与工艺（20%）	6	程序格式规范		7	不合格每处扣 3 分		
	7	程序正确、完整		7	不合格每处扣 3 分		
	8	工艺合理		6	不合格每处扣 2 分		
零件质量（50%）	9	件 1	ϕ（30 ±0.01）mm	1	超差不得分		
	10		$\phi46_{-0.04}^{-0.02}$ mm	1	超差不得分		
	11		$\phi56_{-0.13}^{-0.11}$ mm	1	超差不得分		
	12		$\phi19_{0}^{+0.02}$ mm	1	超差不得分		
	13		$\phi26_{+0.02}^{+0.04}$ mm	1	超差不得分		
	14		$\phi32_{0}^{+0.03}$ mm	1	超差不得分		
	15		$14_{+0.1}^{+0.2}$ mm	1	超差不得分		
	16		13 mm、12 mm、7 mm、30 mm	1	超差不得分		
	17		$C1$（8 处）	1	不合格不得分		
	18		Ra 1.6 μm（6 处）	1	降级不得分		
	19		Ra 3.2 μm（4 处）	1	降级不得分		
	20	件 2	$\phi19_{-0.02}^{0}$ mm	1	超差不得分		
	21		ϕ（26 ±0.01）mm	1	超差不得分		
	22		$\phi32_{-0.03}^{-0.01}$ mm	1	超差不得分		
	23		$\phi56_{-0.03}^{-0.01}$ mm	1	超差不得分		
	24		$\phi30_{-0.02}^{0}$ mm	1	超差不得分		
	25		$\phi19_{-0.02}^{0}$ mm	1	超差不得分		
	26		$\phi46_{0}^{+0.04}$ mm	1	超差不得分		
	27		（35 ±0.02）mm、（109 ±0.05）mm	2	超差不得分		

续表

工件编号			配分	总得分		
项目	序号	技术要求		评分标准	检测记录	得分
零件质量（50%）	28	件2	8 mm（2处）、7 mm（2处）、6 mm、5 mm、17 mm、15 mm（2处）	1	超差不得分		
	29	件2	M24×1.5外螺纹	2	不合格不得分		
	30	件2	$R15$ mm、$\phi46$ mm	0.5	超差不得分		
	31	件2	5 mm×2 mm	0.5	超差不得分		
	32	件2	$C1$（7处）	1	不合格不得分		
	33	件2	Ra 1.6 μm（6处）	1	降级不得分		
	34	件2	Ra 3.2 μm（8处）	1	降级不得分		
	35	件3	$\phi46_{-0.02}^{0}$ mm（2处）	1	超差不得分		
	36	件3	$\phi56_{-0.03}^{-0.01}$ mm	1	超差不得分		
	37	件3	$\phi36_{-0.09}^{-0.03}$ mm	1	超差不得分		
	38	件3	$\phi36_{-0.01}^{+0.05}$ mm	1	超差不得分		
	39	件3	$\phi30_{+0.01}^{+0.03}$ mm	1	超差不得分		
	40	件3	$\phi30_{0}^{+0.04}$ mm	1	超差不得分		
	41	件3	32°±1°	1	超差不得分		
	42	件3	M24×1.5内螺纹	2	不合格不得分		
	43	件3	$C1$（6处）	1	不合格不得分		
	44	件3	（36±0.02）mm	1	超差不得分		
	45	件3	6 mm（2处）、5 mm、10 mm（2处）、3.77 mm、53 mm、16 mm、21 mm	1	超差不得分		
	46	件3	Ra 1.6 μm（5处）	1	降级不得分		
	47	件3	Ra 3.2 μm（10处）	1	降级不得分		

续表

工件编号					总得分		
项目	序号	技术要求		配分	评分标准	检测记录	得分
零件质量（50%）	48	装配图 1	$1^{+0.02}_{0}$ mm	1	超差不得分		
	49		(3 ±0.02) mm	1	超差不得分		
	50		(115 ±0.05) mm	1	超差不得分		
	51		↗ 0.03 A—B	1	超差不得分		
	52	装配图 2	$2^{+0.04}_{0}$ mm	1	超差不得分		
	53		(86 ±0.03) mm	1	超差不得分		
	54		↗ 0.03 A—B（2 处）	1	超差不得分		
	55	装配图 3	(15 ±0.02) mm	1	超差不得分		
	56		(131 ±0.05) mm	1	超差不得分		
安全文明生产（5%）	57	安全操作		3	不按安全操作规程操作全扣		
	58	机床清理		2	不合格全扣		
总　配　分				100			

二、展示评价（小组评价）

把个人制作好的皮带轴组件先进行分组展示，再由小组推荐代表作必要的介绍。在展示的过程中，以小组为单位进行评价；评价完成后，根据其他小组成员对本组展示成果的评价意见进行归纳总结。完成如下项目：

（1）展示的皮带轴组件符合技术标准吗？

很好□　　　　　　一般□　　　　　　不准确□

（2）本小组介绍成果表达是否清晰？

很好□　　　　　　一般，常补充□　　　　　　不清晰□

（3）本小组演示的皮带轴组件加工方法操作正确吗？

正确□ 部分正确□ 不正确□

（4）本小组演示操作时遵循了“6S”的工作要求吗?

符合工作要求□ 忽略了部分要求□ 完全没有遵循□

（5）本小组的检测量具、量仪保养完好吗?

良好□ 一般□ 不合要求□

（6）本小组成员的团队创新精神如何?

良好□ 一般□ 不足□

三、教师评价

教师对展示的作品分别作评价。

1. 找出各小组的优点进行点评。

2. 对展示过程中各小组的缺点进行点评，提出改进方法。

3. 对整个任务完成中出现的亮点和不足进行点评。

四、总结提升

1. 根据皮带轴组件加工质量及完成情况，分析皮带轴组件编程与加工中的不合理处及其原因并提出改进意见，填入表中。

皮带轴组件加工不合理处及改进意见

序号	工作内容	不合理处	不合理的原因	改进意见
1	零件工艺 处理与编程			
2	零件数控车加工			
3	零件质量			

2. 结合自身任务完成情况，通过交流讨论等方式较全面、规范地撰写本次任务的工作总结。

工作总结（心得体会）

评价与分析

学习任务七评价表

班级：______________　学生姓名：______________　学号：______________

项目	自我评价			小组评价			教师评价		
	10～9	8～6	5～1	10～9	8～6	5～1	10～9	8～6	5～1
	占总评 10%			占总评 30%			占总评 60%		
学习活动 1									
学习活动 2									
学习活动 3									
学习活动 4									
表达能力									
协作精神									
纪律观念									
工作态度									
操作规范性									
任务总体表现									
小计分									
总评分									

任课教师：__________　　年　　月　　日

附　　录

附表 1

交接班记录

设备名称：　　　　　　　　　　设备编号：　　　　　　　　　　使用班组：

项目	交接机床	交接工、量、刃具			交接图样	交接材料	交接成品件	交接半成品件	工艺技术交流
数量、使用情况（交班人填）									
交班人									
接班人									
日期									

附表 2

设备日常保养记录卡

设备名称：　　　　设备编号：　　　　使用部门：　　　　保养年月：　　　　存档编码：

日期 保养内容	1	2	3	4	5	6	7	8	9	10	11	12	13	14	15	16	17	18	19	20	21	22	23	24	25	26	27	28	29	30	31
环境卫生																															
机身整洁																															
加油润滑																															
工具整齐																															
电器损坏																															
机械损坏																															
保养人																															
机械异常备注																															

审核人：

年　月　日

注：保养后，用“√”表示日保；“△”表示周保；“○”表示月保；“Y”表示一级保养；“×”表示有损坏或异常现象，应在“机械异常备注”栏给予记录。